Sachsens schönste Autos

Ina Reichel

SACHSENS
schönste Autos

neues leben

Inhalt

1 DIE ERSTEN

2 DIE ELEGANTEN

7 Freistaat auf vier Rädern
8 Sächsische Autogala

30 Mit Volldampf auf die Straße
36 Coswiga fuhr allen voran

48 Very British made in Saxony
51 Manufaktur mit Hochkultur
55 Horch Cabrio im Foyer
63 Die Eins in der gehobenen Mittelklasse
67 Ein Baron verordnet Eleganz
71 Der Prototyp verunglückte
73 Wartburgs aus Sachsen

6 DIE VIELGEFAHRENEN

7 DIE AUSSERGEWÖHNLICHEN

8 DIE VERGESSENEN

146 Das Zwickauer VW-Zeitalter
155 Sechsmal BMW aus Leipzig
160 Ein Arbeitspferd hat ausgedient
163 Oldtimerträume im F8

168 Fließend Wasser inklusive
171 Kuh und Auto wohlauf

178 Von A wie Arimofa bis Z wie Zetgelette

3 DIE SPORTLICHEN

- 78 Comeback für die Dresdner Flunder
- 86 Das Nein zum YES aus Sachsen
- 88 Porsche-Fahrten zu den Wildpferden
- 94 Renaissance der Roadster

4 DIE SCHNELLEN

- 102 Heimatluft für den Silberpfeil
- 112 Melkus setzt auf Nummer 81
- 115 Preisregen für den Alpensieger
- 118 Manchmal läuft's nur mit Schiebung
- 120 Wanderer auf der Rennpiste
- 123 Awtowelos für Stalin
- 125 Härtetests von Finnland bis Monaco

5 DIE WEGWEISENDEN

- 130 Erst rechts, dann links
- 131 Eisrennen mit dem F1
- 136 Stromlinienform für die Autobahn
- 140 Der frühe Griff zum Kunststoff

9 DIE NIE GEBAUTEN

- 186 Der Trabant-Nachfolger kam nicht weit

10 DIE GRÜNEN

- 194 Was uns morgen antreibt
- 198 Ein Totgeglaubter als Messe-Star
- 200 Dresdner Leichtbau für die Mobilität von morgen
- 204 Ein Schnapsglas voll Benzin im Tank
- 207 Die Formel 1 der Studenten

11 SACHSENS AUTOS LIVE ERLEBEN

- 212 Dabei, wenn ein Auto entsteht
- 213 August Horch Museum Zwickau
- 214 Verkehrsmuseum Dresden
- 215 Sächsisches Industriemuseum Chemnitz
- 216 Museum für sächsische Fahrzeuge Chemnitz
- 217 Sächsisches Nutzfahrzeugmuseum Hartmannsdorf
- 218 Fahrzeugmuseum Frankenberg
- 219 Weitere Museen und Einrichtungen

Der Melkus RS2000 vor der Dresdner Frauenkirche

Freistaat auf vier Rädern

Sachsen erlebt derzeit einen faszinierenden Wiederaufstieg seiner Fahrzeugindustrie – sächsische Autotradition verbindet sich mit sächsischer Autorevolution. Glänzende Oldtimer von Horch, Audi, DKW und Wanderer präsentieren sich auf der alljährlichen Rallye Sachsen Classic. Aktuelle Spitzenmodelle rollen aus den Werkhallen von VW, BMW und Porsche. In den Labors und auf den Bildschirmen an sächsischen Universitäten und Hochschulen sowie in mehr als fünfzig Forschungseinrichtungen beginnt die Zukunft des Elektroautos und der Fahrzeuge aus Carbon statt Stahl schon Gestalt anzunehmen.

Kaum ein anderes Bundesland kann so viel Tradition an Autokultur und so viel Autopioniergeist vorweisen. Vor mehr als 100 Jahren rollten über Sachsens einst holprige Straßen die ersten Dampfmobile. In Chemnitz wurde 1932 der Auto Union-Konzern gegründet, dessen vier Ringe heute für Vorsprung durch Technik bei der Marke Audi stehen. Und in Zwickau, der Stadt des Autopioniers August Horch, startete der Trabant 1957 seine Karriere als Kultfahrzeug der DDR.

Kein anderes neues Bundesland hat es so gut verstanden, wieder das Interesse deutscher Automobilhersteller auf sich zu ziehen. Das bezeugen mittlerweile mehr als 3,8 Millionen VW aus Zwickau ebenso wie die BMW- und Porsche-Fahrzeuge aus Leipzig, der luxuriöse Phaeton aus Dresden und viele andere Fahrzeugtypen. Neben den Großproduzenten haben sich Dutzende innovative Kleinhersteller etabliert, angeführt von den Schöpfern der legendären Dresdner Melkus-Flunder. Dazu gesellt sich eine breit gefächerte Zulieferindustrie mit mehr als 500 Betrieben und über 70 000 Beschäftigten. Die Autoindustrie ist heute der Motor des verarbeitenden Gewerbes in diesem Bundesland.

Lassen Sie sich verführen von den schönsten Modellen aus Sachsens Autoschmieden und spannenden Geschichten rund um chromglänzende Karosserien und den Rausch der Geschwindigkeit.

Automobile Luxusklasse von heute aus Sachsen: der VW Phaeton

Ein Leipziger: Cabrio aus der BMW 1er Reihe

Sächsische Autogala

Der VW Golf wird seit Februar 1991 in Zwickau gebaut.

Der Porsche Offroader Cayenne wird im Werk Leipzig gefertigt.

Der Melkus RS2000, ein echt sächsisches Eigengewächs

Die Silberpfeile der Auto Union bestimmten die Grand Prix in den 30er Jahren und werden heute bei Rennpräsentationen gern bestaunt.

Sächsische Autogala **19**

Der Trabant, im Volksmund auch Rennpappe genannt

Sächsische Autogala

Eleganz aus früheren Jahrzehnten: Ein Horch 853 zur ersten Horch Klassik im Juli 2011

Sächsische Autogala

Sportlich und elegant: der Audi Front Roadster 225 aus dem Jahr 1935

Der Fahrzeugdemonstrator eTRUST aus Dresden verbindet elektrischen Antrieb und Leichtbau. Er weist mit seinen Technologien den Weg in die Mobilität von morgen.

Sächsische Autogala

1
DIE ERSTEN

Mit Volldampf auf die Straße

In dieser Anzeige vom September 1883 warb Michaelis für Fahrten mit dem Dampfsportwagen.

Rechte Seite

Michaelis-Dampfbus 1887 unterwegs in Dresden. Das Auftauchen solcher damals weitestgehend noch unbekannten stählernen Ungetüme sorgte für Aufsehen.

»Mit Volldampf voraus« ist ein gängiges Kommando für Schiffe. Vor knapp 250 Jahren traf es aber genauso auf die ersten Automobile zu. Denn lange vor dem Verbrennungsmotor waren erst der Dampf und später der Strom die wichtigsten Treibstoffe für die Selbstfahrer. Die heute viel gepriesenen alternativen Antriebe hatten also Vorläufer.

Das erste bezeugte selbstbewegte Fahrzeug wird dem Franzosen Nicolas-Joseph Cugnot zugeschrieben. 1769 soll er im Auftrag des französischen Kriegsministeriums einen Dampfwagen für die Artillerie entwickelt haben, dem jedoch kein langes Leben beschieden war. Bei einer Vorführung endete er in einer Kasernenmauer.

Etwa 100 Jahre später machte ein sächsischer Dampfpionier von sich reden. Hermann Michaelis betrieb Ende des 19. Jahrhunderts eine Maschinenfabrik und Eisengießerei in Chemnitz, in der er neben Zahnrädern, Spezialmaschinen zur Verzahnungsherstellung, Werkzeug- und Dampfmaschinen auch Dampfwagen baute. 1877 soll er mit der Produktion letzterer begonnen haben. Die Gründe dafür

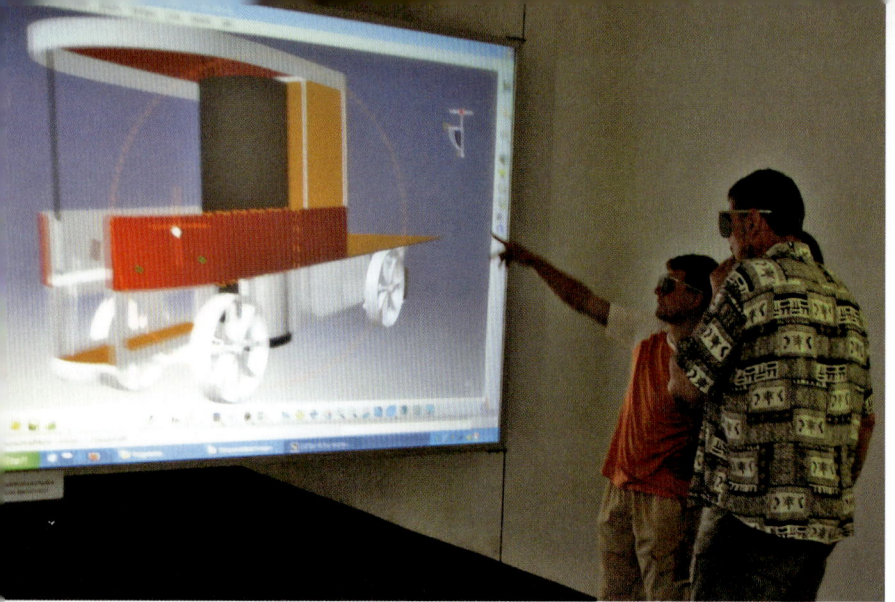

bleiben weitgehend im Dunkeln. Sicher spielten der damalige Zeitgeist und die Neugier des Technikers Michaelis eine Rolle. Pferde bestimmten in jenen Jahren noch die Mobilität auf den Straßen. Sie zogen Kutschen, Bahnen, Busse und Waren. Vereinzelt erschienen schon Straßenlokomotiven aus England zum Transport schwerer Güter und Dampfautomobile, meist aus Frankreich, zur Personenbeförderung auf deutschen Straßen. Hermann Michaelis muss sich das alles genau angeschaut haben, denn insbesondere gegenüber der englischen Konkurrenz verbesserte er seine Fahrzeuge in wesentlichen Punkten und ließ sich sein Prinzip 1878 patentieren. Beispielsweise erhielten die Dampfkraftwagen aus Chemnitz eine Federung und einen Antrieb, bei dem die Dampfzylinder direkt auf die Antriebsräder wirkten. Außerdem funktionierten die Wagen mit einer Einmann-Bedienung, während sonst zwei bis vier Personen gebraucht wurden. Neu war auch seine Idee, Waren im Wagen selbst zu transportieren. Bis dato war es üblich, dass ein Dampfschlepper mehrere mit Gütern gefüllte Anhänger in Schrittgeschwindigkeit bewegte. Hermann Michaelis baute die ersten fahrfähigen Lkw in Deutschland. Insgesamt sollen zwölf Dampffrachtwagen das Unternehmen verlassen haben.

Ähnliche Pionierarbeit leistete der Chemnitzer Maschinenfabrikant für die Personenbeförderung. Seine Dampfbusse gelten als die Vorläufer der heutigen Omnibusse. Historisch belegt ist der Einsatz eines Dampfbusses von Hermann Michaelis in Dresden auf der Strecke vom heutigen Bahnhof Neustadt hoch zum Weißen Hirsch. Zur Probefahrt startete er am Morgen des 5. Mai 1887 mit 25 Passagieren. Ab dem 25. Mai 1887 wurde ein Linienbetrieb aufgenommen. Der Einsatz war unter den gegebenen Verkehrs- und Straßenverhältnissen

nicht erfolgreich. Oft scheuten Pferde an ihren Fuhrwerken, und bei schlechter Witterung versank das Fahrzeug in den wenig befestigten Straßen. Bereits am 23. Juni 1887 endete dieses Experiment.

Aber Hermann Michaelis hatte noch mehr in petto. In einer Anzeige vom September 1883 warb er für Fahrten mit dem Dampfsportwagen. Bis zu sechs Personen pro Fahrt konnten sich dafür in seinem Chemnitzer Kontor bewerben. Mit unserem heutigen Verständnis von Sportwagen hatte das Gefährt von damals freilich nichts zu tun. Auch durften die Interessenten nicht selbst ans Steuer, sondern wurden gefahren. Ein luxuriöses Freizeitvergnügen zur damaligen Zeit, das vielleicht bei dem einen oder anderen Mitfahrer das Bedürfnis nach dieser individuellen Fortbewegung geweckt hat.

Leider ist von den etwa 20 Dampfkraftwagen, die Hermann Michaelis von 1877 bis in die 1890er Jahre gebaut hat, kein einziges Fahrzeug erhalten geblieben. Vorhanden sind lediglich noch einige Zeichnungen, Patentschriften und zwei Fotografien. Dass diese Periode des sächsischen Fahrzeugbaus nicht völlig in Vergessenheit geriet und heute so viele Informationen zum Schaffen von Hermann Michaelis bekannt sind, ist einigen Enthusiasten zu verdanken. Dazu gehören der Berliner Auto- und Dampfexperte Dr. Heinrich Schmidt-Römer, Kfz-Experten des Fördervereins Sächsisches Industriemuseum Chemnitz sowie Lehrkräfte und Studenten der Fakultät Kraftfahrzeugtechnik der Westsächsischen Hochschule Zwickau. Dank ihren Nachforschungen und den Möglichkeiten der digitalen Rekonstruktion geben mittlerweile Modelle von Dampf-Lkw, Dampfbus und Dampfsportwagen einen Einblick in die technische Raffinesse von Hermann Michaelis.

Von links nach rechts

Ein besonderes Erlebnis: Der Dampf-Lkw in der virtuellen Welt. Stereoskopisch betrachtet erschließen sich Zusammenhänge wesentlich intensiver.

Dampf-Lkw in zwei Ansichten

Das fertige Fahrzeug im Maßstab 1:1. Von jedem Einzelteil oder jeder Baugruppe könnte jetzt eine Werkstattzeichnung abgeleitet werden.

Die Ersten **33**

Dampfausfahrt in Dresden

Coswiga
fuhr allen voran

Linke Seite

Emil Hermann Nacke war der erste Automobilbauer in Sachsen. Hier 1903 am Steuer eines der ersten Coswiga Tonneau im Hof seiner Fabrik.

Der erste sächsische Pkw war ein offener Zweisitzer mit Zweizylinder-Benzinmotor von 8 bis 10 PS Leistung. Er erreichte eine Höchstgeschwindigkeit von 30 bis 35 km/h. Gebaut wurde er 1900 in Kötitz, heute ein Ortsteil von Coswig bei Dresden. In Anlehnung an die Stadt erhielt er den Namen Coswiga. Vater dieses Wagens war Emil Hermann Nacke. Ihm und nicht, wie oft kolportiert, August Horch kommt das Verdienst zu, der erste Autobauer Sachsens zu sein.

Kein Geringerer als Horch selbst hat auf diesen Fakt hingewiesen. Im Zusammenhang mit seinem Umzug von Köln nach Reichenbach 1902 schreibt er in seiner Biografie: »Ich hatte jedoch mit dieser Übersiedlung nicht ... die Autoindustrie nach Sachsen gebracht. Ein Herr Nacke hatte schon in den Jahren 1900/1901 in Coswig einige Wagen gebaut ...«

Dieser Herr Nacke war immerhin schon fast 60, als er sich dem Automobilbau zuwandte. 1843 als Sohn eines Königlich-Sächsischen Steueraufsehers in Großwiederitzsch bei Leipzig geboren, besuchte er die Realschule in Leipzig und studierte bis 1869 am Polytechnikum in Dresden Maschinenbau. Er entwarf eine Strohstofffabrik für die Thodesche Papierfabrik in Hainsberg, betrieb mit einem Kompagnon eine Papiermaschinenfabrik in Dresden und ließ sich mit einer Strohstofffabrik in Kötitz nieder. 1890 gründete er dort die Maschinenfabrik E. Nacke und produzierte Kolben- und Kreiselpumpen, Kondenswasserabscheider sowie Anlagen für die Zellstofffabrikation.

Mit großem Interesse verfolgte Nacke die sich entwickelnde Kfz-Branche. Den letzten Anstoß zur Einrichtung einer Abteilung Automobilbau gab ihm der Besuch der Pariser Automobil-Ausstellung im Jahr 1900. Von dort brachte er einen Zweisitzer der französischen Marke Panhard & Levassor mit, der ihm als Lehrobjekt beim Bau des Pkw Coswiga gedient haben soll. Bereits ein Jahr später konnte man den sächsischen Wagen auf der Automobil-Ausstellung in Berlin bewundern. Bis 1906 hatte Nacke bereits sechs Typen der Coswiga geschaffen. Neben dem offenen Zweisitzer umfasste diese Modellreihe die Karosserieformen Tonneau, Phaeton, Landaulet und Droschke. Zum Zweizylinder-Motor gesellte sich ein Vierzylinder, der bis zu 12 PS Leistung schaffte. Von 1907 bis 1925 folgten weitere

Die Ersten

Stand der Firma Nacke auf der Berliner Automobil-Ausstellung im Frühjahr 1906

17 Personenwagentypen, von denen einige eine Leistung von bis zu 70 PS schafften. Ein außergewöhnliches Modell war besonders für Winterfahrten im nahen Erzgebirge geeignet – ein Pkw, der auf Schlittenkufen montiert werden konnte.

Zusätzlich zum Pkw-Bau begann Nacke 1905 mit der Lkw-Fertigung. Auch Busse, Kommunalfahrzeuge, Feuerwehren und Motorspritzen wurden ins Produktionsprogramm aufgenommen. Ein besonderes Prachtstück war der 1906 für den sächsischen König gebaute zehnsitzige Jagdomnibus, für den die Luxuswagenfabrik Gläser aus Dresden die Karosserie lieferte. Für die Zuverlässigkeit spricht ein Referenzschreiben des Königlich-Sächsischen Oberstallamtes von 1907: »Das Fahrzeug ist solid und tadellos gebaut und hat sich bis jetzt ganz vorzüglich bewährt. Die vorgekommenen drei Betriebsstörungen sind lediglich auf die Nachlässigkeit des betreffenden Wagenführers zurückzuführen. Reparaturen zu Lasten des Erbauers sind an

dem Automobil bisher nicht vorgekommen. Die Fabrik ist leistungsfähig und kann allen denen, die sich ein wirklich solides und dauerhaftes Automobil, ausgestattet mit den neuesten technischen Einrichtungen, anschaffen wollen, nach den hier gemachten Erfahrungen auf das Wärmste empfohlen werden.«

Ebenso wie Horch schätzte es Nacke, die Sicherheit und Zuverlässigkeit der Automobile bei Konkurrenzfahrten zu testen. Nacke-Fahrzeuge nahmen von 1905 bis 1907 an den Herkomer-Fahrten und ab 1908 an den Prinz-Heinrich-Fahrten teil und errangen zahlreiche Plaketten. Nacke selbst absolvierte als 63-Jähriger die 1400 Kilometer lange und in fünf Etappen ausgetragene Herkomer-Fahrt 1907 von Dresden nach Frankfurt und holte eine Goldene Plakette.

Mit Zuverlässigkeit punktete Nacke auch im Ausland. Ein Paradebeispiel dafür war der Doppel-Phaeton 35 HP, den ein deutscher Geschäftsmann 1908 Kaiser Menelik II. von Abessinien schenkte.

Links: Werbung mit rennsportlichen Erfolgen gehörte schon in der Anfangszeit des Automobilbaus zum Geschäft, hier nach der erfolgreichen Teilnahme von Nacke an der Prinz-Heinrich-Fahrt 1909.

Rechts: Eine Vorstufe des Coswiga Tonneau um 1901. Nacke sitzt am Steuer.

Die Ersten 39

Ein Doppel-Phaeton von Nacke, um 1908

Links: Nacke-Expedition durch Äthiopien. Mit Muskelkraft wird der Wagen durch den Kassam-Fluss gezogen.

Rechts: Die Wintervariante besonders für Fahrten ins Gebirge: Wagen auf Schlittenkufen

42 Die Ersten

Offener Gesellschaftswagen
bei einer Probefahrt 1910 vor
Schloss Moritzburg

Die Ersten

Die recht unwegsame Fahrt zum Kaiser hatte auch eine britische Expedition auf sich genommen. Der Wagen der Marke Siddeley 18 HP überstand die Reise jedoch nicht so gut wie der Nacke-Doppel-Phaeton. Deshalb entschied sich Menelik II. für das deutsche Fahrzeug.

Bemerkenswert ist auch, dass Nacke eigene Omnibus-Linien einrichtete. 1912 gab es den ersten fahrplanmäßigen Probebetrieb auf der Strecke Meißen-Brockwitz-Weinböhla. Eingesetzt waren zwei Nacke-Omnibusse mit dem in der Maschinenfabrik Pekrun in Coswig entwickelten neuartigen Schneckenantrieb und Karosserien der Firma Schumann aus Zwickau.

Während des Ersten Weltkrieges belieferte die Firma Nacke das kaiserliche Heer mit Vier-Tonnen-Lastzügen. Obwohl Kardan- und Schneckenantrieb schon erfunden waren, wurde für diese sogenannten Subventionslastzüge Kettenantrieb gefordert. Der Bau von Pkw spielte mit Kriegsbeginn keine Rolle mehr bei Nacke. Dafür verstärkte das Unternehmen nach dem Krieg den Nutzfahrzeugbau. Die Lkw wurden bis nach England, Portugal und Indien exportiert.

Die Weltwirtschaftskrise Ende der 20er Jahre machte jedoch auch vor der Automobilproduktion in Coswig nicht halt. Wann die Fertigung eingestellt wurde, ist heute nicht mehr eindeutig festzustellen. Man kann davon ausgehen, dass einzelne Fahrzeuge noch bis zu Nackes Tod im Jahr 1933 fertiggestellt wurden.

Mit der Schließung der Maschinenfabrik E. Nacke 1948 erlosch weitgehend das Bewusstsein um den sächsischen Automobilpionier. Hinzu kommt, dass nach bisherigen Recherchen kein Nacke-Fahrzeug mehr existiert. Doch dank einer Sisyphus-Arbeit der Stadtarchivarin von Coswig, der Mitarbeiter des Verkehrsmuseums Dresden und weiterer Oldtimerfreunde konnten viele Zeugnisse vom Wirken Emil Hermann Nackes zusammengetragen werden, die 2005 in Sonderausstellungen in Dresden und Coswig zu sehen waren. Dazu gehörten ein Lkw-Motor mit Kühler und Kühlergrill sowie Lkw-Räder. Ein Zufallsfund auf einem verwilderten Grundstück brachte das Fahrgestell eines Nacke-Lkw zum Vorschein, welches das Verkehrsmuseum Dresden 2006 erwarb.

Rechte Seite

Bis 1925 fuhr Nacke seine Wagen selbst. Danach überließ der damals 82-Jährige das Steuer seinem Chauffeur.

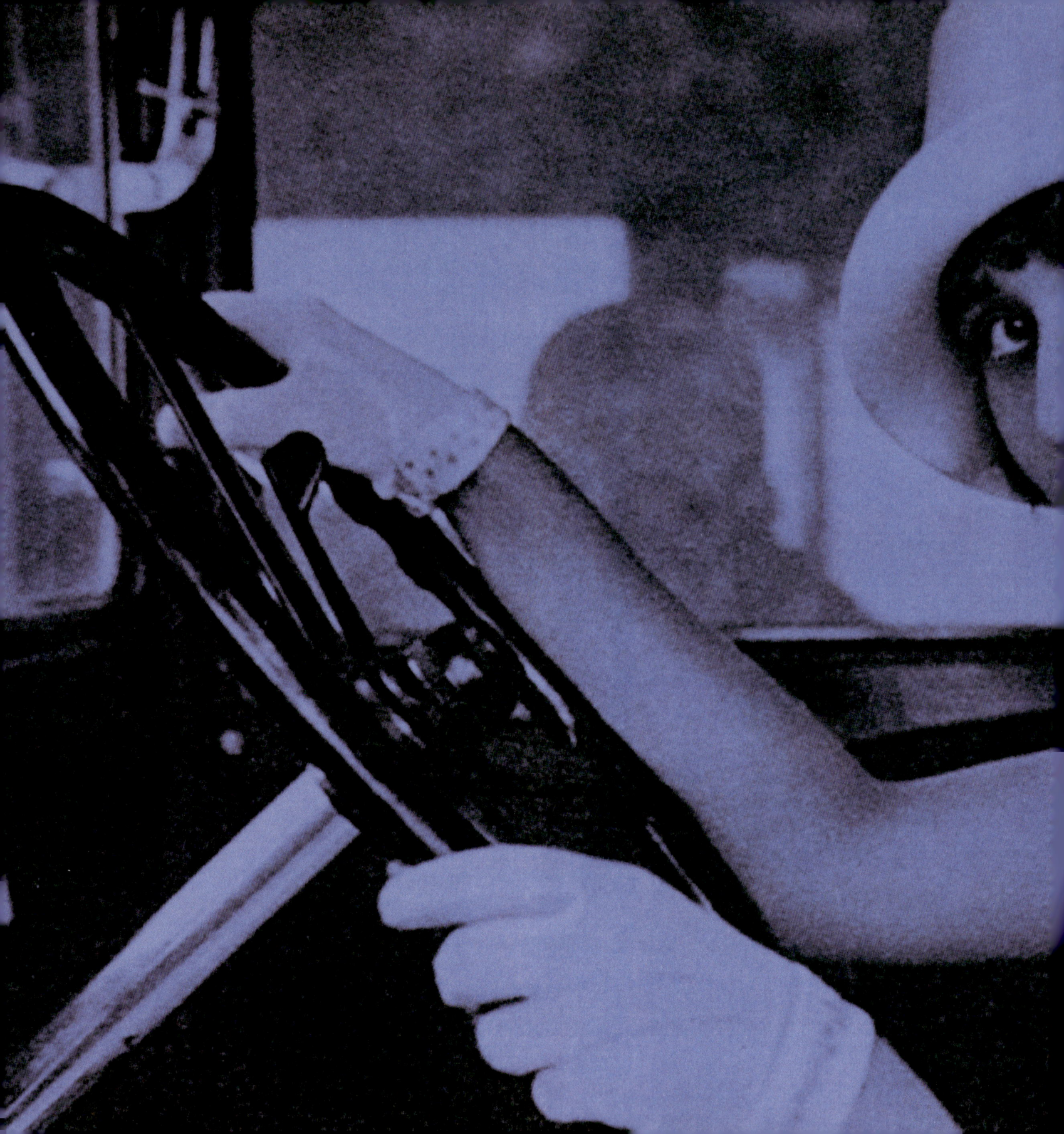

2
DIE
ELEGANTEN

Very British made in Saxony

Unten: Ein britischer Bentley Continental GT auf dem Werksgelände von Volkswagen in Zwickau. Das ist keine Verirrung, denn die Karosserie für dieses und weitere Bentley-Modelle wird in Sachsen gefertigt.

Die britische Stadt Crewe ist Kennern automobiler Nobelmarken ein Begriff. Erst wurden Rolls-Royce, später auch Bentleys in diesem Ort südlich von Manchester gebaut. Rolls-Royce zog weiter, Bentley blieb. Das ist auch den Volkswagen-Autobauern in Zwickau zu verdanken. Weil das englische Werk an seine Kapazitätsgrenzen stieß, haben die Sachsen 2003 einen guten Teil der Bentley-Karosseriefertigung übernommen. Nicht eben eine kleine Aufgabe, deren exzellente Ausführung der Volkswagen-Konzern als Eigner von Bentley den Zwickauer Facharbeitern und Ingenieuren zutraute. Unter ihren Händen entsteht nicht mehr und nicht weniger als das Gesicht der Nobelmarke – die lackierte Karosserie. Very British mit viel »made in Saxony«!

In Zwickau werden Karosserien der Continental-Reihe gebaut. Dazu gehören die Limousine Flying Spur, das Cabrio GTC und das Coupé GT. Die Sachsen beweisen mit diesen Luxusprodukten nicht nur ihre Fähigkeiten zum Bau erstklassiger Autos, sondern auch, wie gut sie

Rechte Seite

Auch für das Cabrio und die Limousine Flying Spur der Bentley-Continental-Reihe werden die Karosserien in Zwickau hergestellt und lackiert.

48   Die Eleganten

Ein markantes Gesicht – made in Saxony

automobile Schlüsseltechnologien beherrschen. Türen und andere Anbauteile für die Bentleys werden in Aluminium ausgeführt.

Ein weiteres Oberklasse-Fahrzeug des VW-Konzerns profitiert von dieser Leichtbaukompetenz – der Phaeton. Dessen lackierte Karosserie entsteht ebenfalls in Zwickau. Täglich verlassen etwa 80 dieser hochwertigen Wagenaufbauten das Werk. Während die Bentleys die Reise über den Ärmelkanal antreten, sind die Phaetons schon nach etwa einer Autobahnstunde an ihrem Bestimmungsort angelangt – in der Gläsernen VW-Manufaktur in Dresden. Dort werden sie mit Motor und Fahrwerk »verheiratet«, wie das in der Branche heißt, und erhalten ihre exklusive Innenausstattung.

Manufaktur mit Hochkultur

Durch großzügige Glasfronten flutet viel Licht in die Werkhalle. Der Parkettfußboden vermittelt Wohnzimmer-Atmosphäre. Die Materialwagen auf dem kaum wahrnehmbar zirkulierenden Schuppenband erinnern eher an außergewöhnliche Möbelstücke denn an Behälter für Schrauben, Muttern und weitere Kleinteile. Die Monteure tragen weiße Anzüge und weiße Handschuhe. Nirgendwo an der Kleidung ein Knopf oder eine Schnalle, die das zu montierende Exponat beschädigen könnten. Nirgendwo Öl, Fett oder andere industrielle Substanzen. Nirgendwo Lärm von Maschinen. Der Wechsel der Warenkörbe, der Transport des Antriebsaggregates zur »Hochzeit« mit der Karosserie – alles geschieht mittels moderner Technik und nahezu lautlos. In dieser Atmosphäre werden Meisterstücke gefertigt. Automobile Meisterstücke. Die Luxusklasse von Volkswagen – die Limousine Phaeton.

Links: Ein echter Sachse vor echt sächsischer Kulisse – der VW Phaeton vor Schloss Moritzburg bei Dresden

Rechts: In China beliebt – der Phaeton in Langversion und Luxusausstattung

Die Eleganten   51

Links: Fertigung in der Gläsernen Manufaktur von Volkswagen in Dresden

Oben: Hochwertiges Interieur – ein Markenzeichen des VW Phaeton

Links: Musikgenuss pur. Die Gläserne Manufaktur ist seit ihrer Einweihung im Dezember 2001 immer auch ein Ort kultureller Begegnungen.

Rechts: Alt trifft Neu – die Gläserne Manufaktur gehört zu den Stationen der jährlichen Oldtimer-Rallye Sachsen Classic.

Mit der Gläsernen Manufaktur in Dresden hat Volkswagen die Tür zu automobiler Kultur in einer neuen Dimension aufgestoßen. In diesem homogen in das Stadtbild der Elbmetropole integrierten Gebäudekomplex realisierte der Automobilkonzern als erster Hersteller der Welt ein Produktionskonzept, das Prozesse der klassischen industriellen Automobilproduktion und manufakturartige Arbeiten miteinander verknüpft. Einmalig ist zugleich, dass an diesem Produktionsstandort die einzelnen Arbeitsschritte am neuen Fahrzeug vom Kunden live begleitet werden können. Ob bei der Auswahl exklusiver Interieurs im Atelier der Kundenlobby oder beim Montageprozess am Band – er kann die Geburt seines Wagens direkt miterleben.

Doch nicht nur der Kunde ist hier willkommen. Allen Interessenten, die Einblick in die Welt des exklusiven Automobilbaus gewinnen wollen, steht die Manufaktur offen und ebenso Freunden der Kunst. Denn der Komplex am Dresdner Großen Garten lädt regelmäßig zu Konzerten, Ausstellungen, Theater und weiteren kulturellen Begegnungen ein. 2002, als das Hochwasser der Elbe Dresden in großen Teilen verwüstete und auch die Semperoper hart traf, beherbergte die Manufaktur für eine Übergangszeit das Ensemble und wurde zur Opernbühne.

Die Eleganten

Horch Cabrio im Foyer

Im Foyer der Gläsernen Manufaktur bekommt man eine Ahnung, warum diese gerade in Dresden/Sachsen und nicht in Paris, Mailand oder London errichtet wurde. Dort thront auf einem Podest ein Horch 851 Cabriolet in besonders exklusiver Ausführung. Hergestellt wurde es 1936 in den Zwickauer Horch-Werken der Auto Union für den äthiopischen Kaiser Haile Selassie. Das Luxusmodell ist versehen mit einer Karosserie des Cabrio-Spezialisten Gläser aus Dresden. Es erinnert an die 20er und 30er Jahre, in denen der sächsische Automobilbau voll erblühte. Auf diesem Boden wurzeln das Wissen und Können der Ingenieure, Techniker und Facharbeiter von heute. August Horch formulierte für seine Unternehmen Horch und Audi das Credo, das nach wie vor Gültigkeit hat: Beste Autos sind aus bestem Material zu bauen.

In den Horch-Werken wurde diese Philosophie auch nach dem Ausscheiden ihres Gründers konsequent gelebt. Das Unternehmen wuchs damit in den 30er Jahren zur unangefochtenen Nummer eins der Lu-

Auf dem Podest der Gläsernen VW-Manufaktur in Dresden thront ein Horch 851 Cabriolet, Baujahr 1936, ein Vorläufer heutiger Luxusautomobilfertigung in Sachsen.

Die Eleganten

Der Horch 306 Roadster-Cabriolet von 1927 gehört zu den ersten Achtzylinder-Fahrzeugen, mit denen das Unternehmen in die Luxusklasse vorstieß.

xuswagenhersteller in Deutschland. In dieser Zeit trugen fast zwei Drittel aller Nobelfahrzeuge auf deutschen Straßen das gekrönte H als Markenzeichen. Fahrzeuge wie das Horch 853 Cabriolet oder der Horch 855 Roadster gehören zu den schönsten und elegantesten Modellen, die je gebaut wurden. Prominente der damaligen Zeit wie der Industrielle Werner F. Siemens, der Adlige Wilhelm von Hohenzollern oder der Auto Union-Rennfahrer Bernd Rosemeyer schätzten die luxuriösen Wagen sehr und ließen sich Sonderausführungen anfertigen. Rosemeyers H 853 Stromliniencoupé, das er auf den Namen Manuela taufte, gewann bei einer der damals verbreiteten Schönheitskonkurrenzen, dem Concors d'Elegance in Brünn, auf Anhieb den ersten Preis in der Gruppe der Coupés.

Die Entwicklung der luxuriösen Wagen begann jedoch nicht mit eleganten Karosserielinien und hochwertiger Ausstattung, sondern mit der Motorisierung der Fahrzeuge. Wenn davon die Rede ist, fallen meist im gleichen Atemzug die Begriffe Fünfmarkstück oder Bleistift.

Rechte Seite

Ein Horch 853 wird fahrbereit gemacht für die Sachsen Classic 2010.

Die Eleganten

Die Eleganten

Bernd Rosemeyer, in den 30er Jahren ein Rennsportstar wie heute Michael Schumacher oder Sebastian Vettel, mit einer besonders eleganten Ausführung des Horch 853. Er taufte das Coupé auf den Namen Manuela.

1904 TYP 500 2004
100 Jahre Autos aus Zwickau
HORCH 500

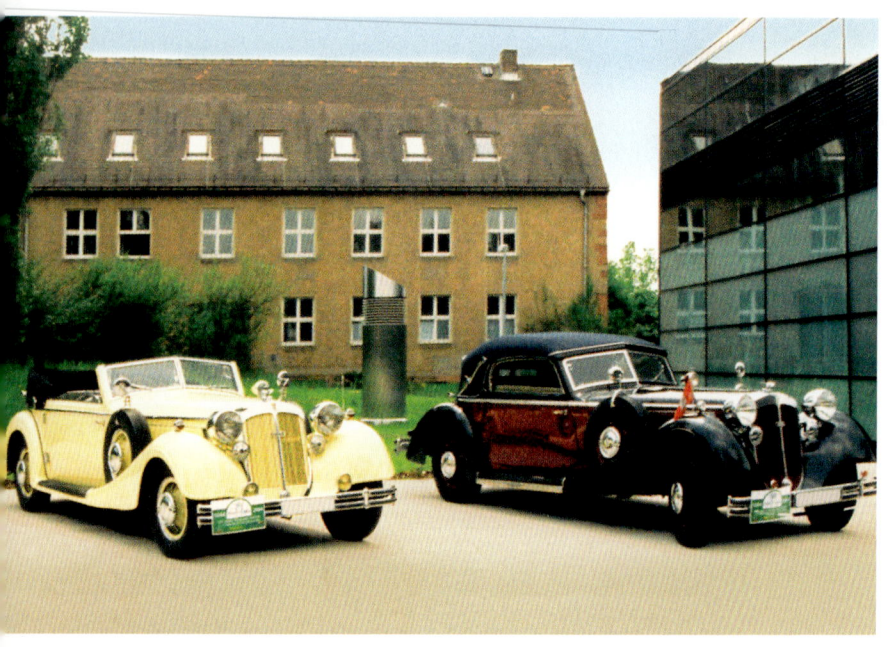

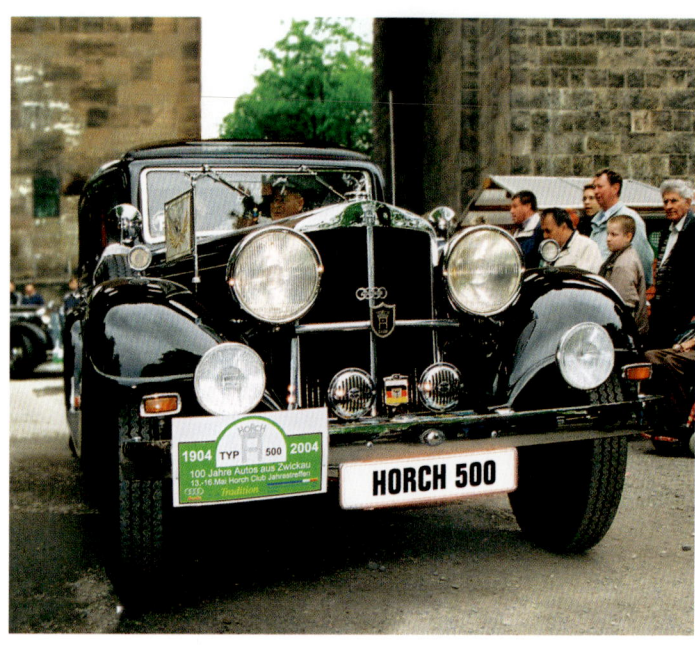

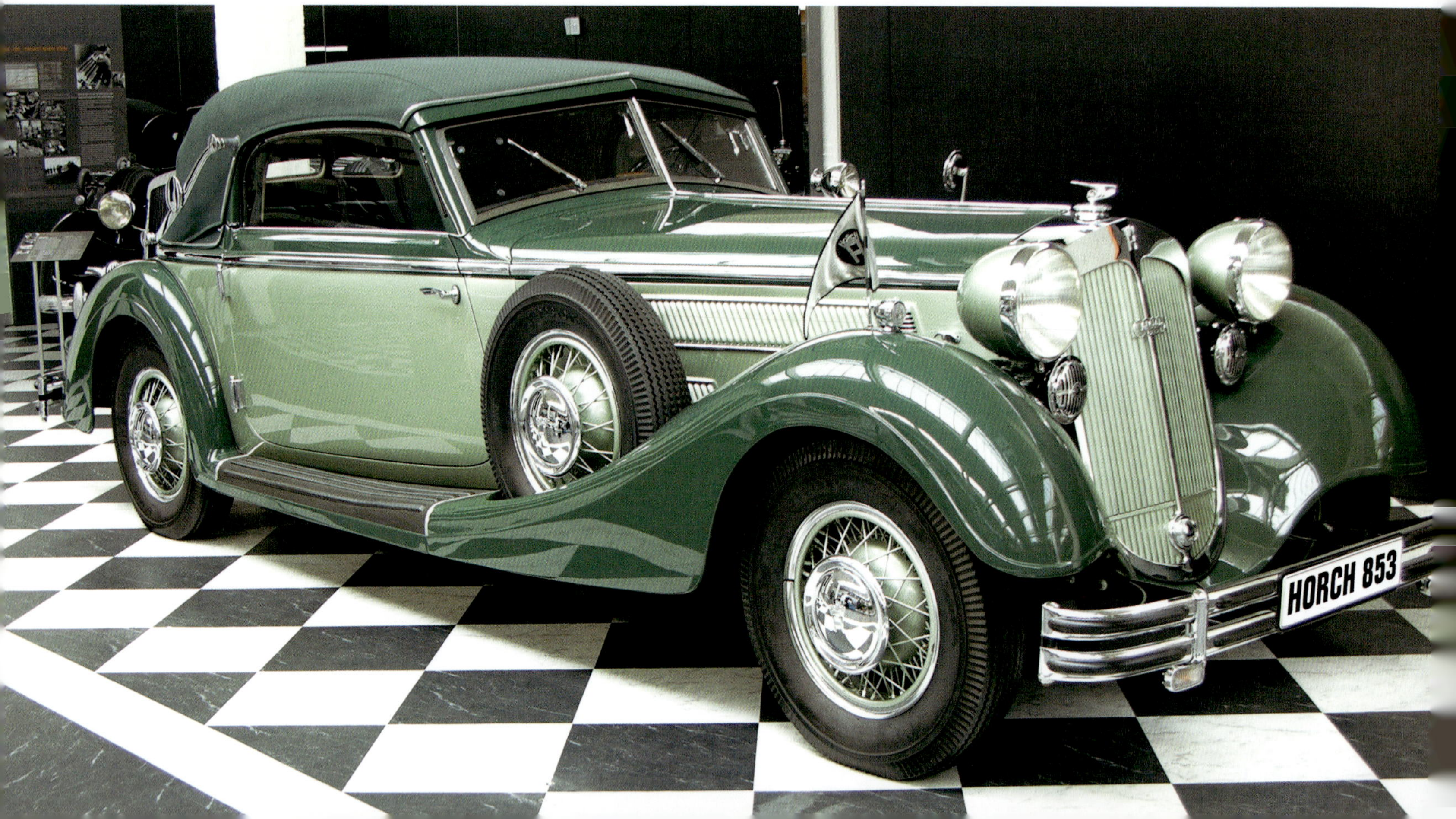
HORCH 853

Linke Seite

Oben links: Horch-Cabrios auf dem Gelände der Westsächsischen Hochschule Zwickau anlässlich des Horch-Club-Treffens 2004

Daneben: Eine Horch 500 Pullmann-Limousine, Baujahr 1935

Unten: So zeigt sich ein Horch 853 Cabriolet heute im August Horch Museum Zwickau.

Stellte man diese Utensilien bei laufendem Motor auf einen Horch-Achtzylinder, dann blieben sie stehen. Einen überzeugenderen Beweis für besondere Laufruhe konnte man kaum erbringen, vor allem nicht bei der Konkurrenz. Auf diesen von Paul Daimler entwickelten Achtzylinder-Motoren fußte Horchs Monopolstellung in der Luxusklasse. Erstmals vorgestellt wurde der große Horch-Motor 1926 auf der Automobilausstellung Berlin. 1927 ging das Antriebsaggregat in Serie – als erster Achtzylinder in Deutschland. Die Ära der Achtzylinder-Fahrzeuge eröffnete der Horch 303. Bis 1939 folgten weitere 39 Typen. Die Daimlersche Motorenentwicklung setzte Konstrukteur Fritz Fiedler fort. Während der Wirtschaftskrise Ende der 20er Jahre suchten die Horch-Werke ihr Heil in einer weiteren Flucht nach vorn – mit dem Horch-Zwölfzylinder. Der Typ 670 war der erste Wagen in diesem noch luxuriöseren Segment. Damit sorgten die Zwickauer Automobilbauer auf dem Pariser Salon 1931 für einen Paukenschlag. Für das Niveau dieser Klasse spricht, dass alle Horch-Zwölfzylinder die damals üblichen Schönheitspreise einsammelten.

Links: Heike Müller, die Enkelin von August Horch, nahm mit ihrer Familie und einem Horch 930 V am Treffen des Horch-Clubs 2004 in Zwickau teil.

Rechts: Der Horch 670 Zwölfzylinder errang in den 30er Jahren reihenweise Schönheitspreise.

Die Eleganten

Horch 951 A Sedan-Cabriolet. Das Horch Museum Zwickau zeigte das imposante Fahrzeug in einer Sonderschau zur Leipziger Auto Mobil International AMI 2010.

Die Eins in der gehobenen Mittelklasse

Wie sein unmittelbarer Nachbar und Konkurrent Horch strebte auch Audi Zwickau hin zum Premiumsegment. Doch die erhofften wirtschaftlichen Effekte blieben aus. 1925 war das Unternehmen nur dank der Unterstützung seines Gründers und Aufsichtsrats August Horch knapp an der Pleite vorbeigeschrammt. 1927 drohte wieder eine gewaltige Schieflage.

Der Retter in der Not hieß dieses Mal Jörgen Skafte Rasmussen. Der DKW-Chef übernahm 1928 die Aktienmehrheit bei Audi und forcierte den Bau großer Sechs- und Achtzylinderwagen. Mit den Modellen Zwickau, Dresden und Imperator entstanden repräsentative Fahrzeuge, die es mit den eleganten Horchs aufnehmen konnten. Doch die Leidenszeit war damit noch nicht vorbei. Erst die radikale Umprofilierung in Richtung Mittelklasse unter dem Dach der Auto Union führte die Fahrzeuge mit der Eins auf dem Kühler wieder in die

Der Audi Zwickau trägt unterhalb der Kühler-Eins das Stadtwappen.

Die Eleganten

Unterwegs in der sächsischen Heimat: der Audi 920 zur Sachsen Classic

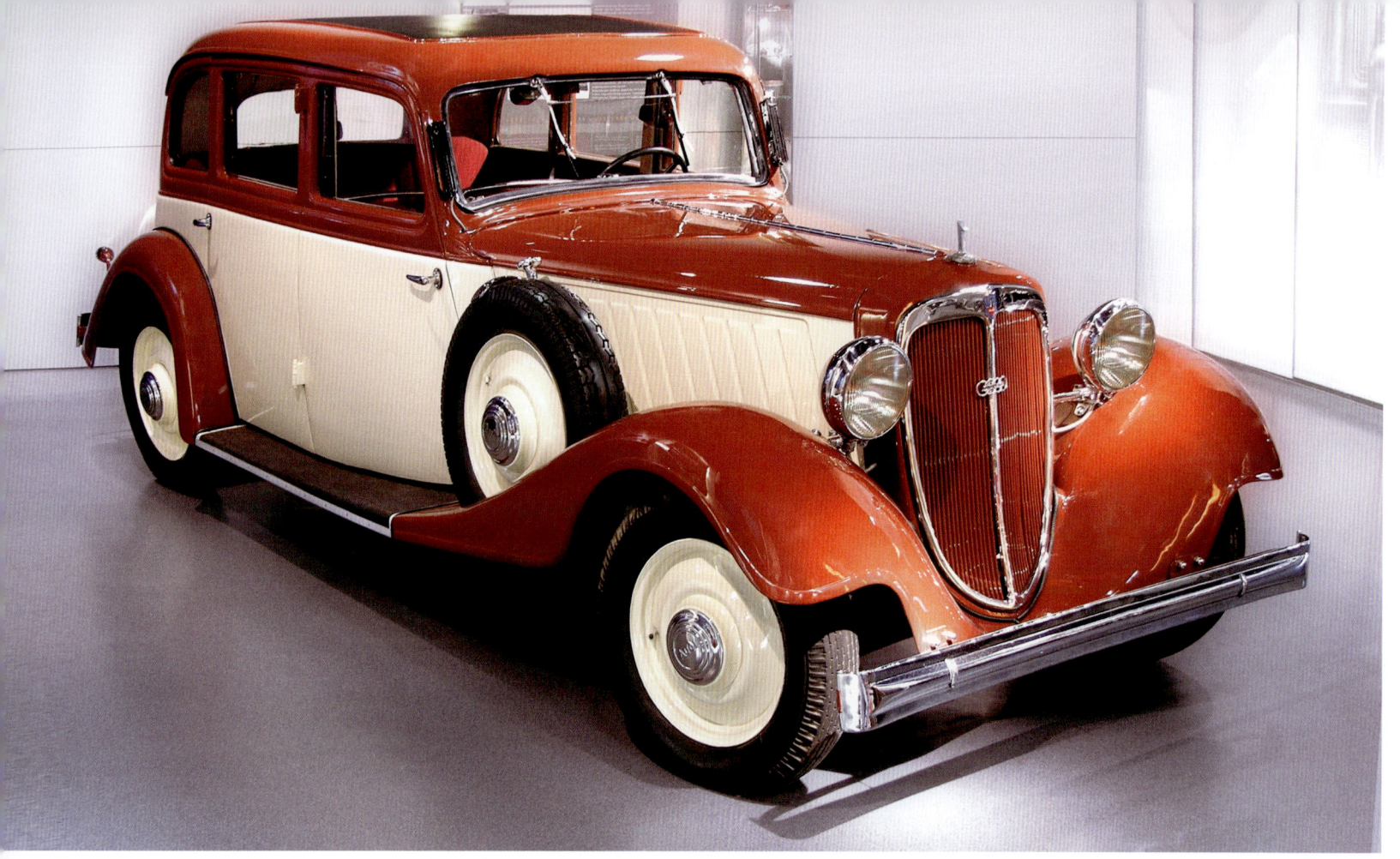

Der Audi Front 225 ist im Horch Museum Zwickau zu sehen.

Erfolgsspur. Dieser Zusammenschluss mit den ehemaligen Konkurrenten Horch, DKW und Wanderer in der Auto Union 1932 rettete alle vier sächsischen Automobilhersteller davor, an den Folgen der Weltwirtschaftskrise zugrunde zu gehen. Im Konzern mit den vier Ringen als Markenzeichen bediente Audi mit sehr attraktiven Modellen die gehobene Mittelklasse. Wichtigstes Merkmal des neuen Audi war der Frontantrieb. Damit übertrug die Auto Union die Erfahrungen mit dem DKW-Vorderradantrieb auf ein Mittelklassefahrzeug. Der Audi Front 225 sorgte ab 1935 für Aufsehen auf den Straßen – als Limousine, Cabrio und Roadster. Sein Nachfolger, der Audi 920, platzierte sich in dem sehr kurzen Bauzeitraum von Ende 1938 bis Anfang 1940 äußerst erfolgreich am Markt. Der elegante Wagen, nun wieder mit Hinterradantrieb, verfügte über einen bei Horch entwickelten Reihen-Sechszylinder-Motor, während die Hinterachse nach dem DKW-Schwebeachsenprinzip konstruiert war. Das Baukastenprinzip à la Auto Union trug weiter.

Die Eleganten

Ein Baron verordnet Eleganz

Fahrzeuge der Marke Wanderer waren bis weit in die 20er Jahre hinein optisch betrachtet biedere Langweiler. Das änderte sich ab 1928, als Baron von Oertzen in den Vorstand eintrat. Mit Attributen wie hochwertig, elegant und zuverlässig wollte er den Verkauf ankurbeln. Die Ausgliederung der Karosseriefertigung an Spezialisten außer Haus trug dazu bei, dass die Fahrzeuge mit dem geflügelten W immer schnittiger wurden. Perfektioniert wurde dies durch die Integration in die Auto Union, denn der Konzernvorstand wollte für jede seiner Marken ein unverwechselbares Design entwickelt haben. Wanderer wurde dafür sozusagen als Versuchskaninchen ausgewählt, weil man der

Ein Wanderer W25 passiert während einer Oldtimerveranstaltung den Schiefen Turm von Pisa.

Die Eleganten

Links: 1936 rollte in Chemnitz der fünfzigtausendste Wanderer vom Band. Es war ein W50 Cabrio.

Rechts: Elegantes DKW Cabrio

Die Eleganten

Eine DKW Sonderklasse von 1938 als Cabrio-Limousine

Meinung war, dass deren Klientel einen Umbruch am ehesten akzeptierte.

Das neue Design orientierte sich an amerikanischen Linien und war für Wanderer ein echter Gewinn. Bestes Beispiel dafür ist der W25 K Roadster aus dem Jahr 1936. Der von einem Kompressortriebwerk beschleunigte Sportwagen strahlt vollendete Eleganz aus. In diese Reihe gehört ebenso das W50 Cabriolet und der W51 in einer Spezialausführung.

Von der neuen Designlinie der Auto Union profitierte auch das Kleinwagensegment der Marke DKW. Dort waren es vor allem die ab Mitte der 30er Jahre gebauten Front-Modelle in Cabrio- und Roadster-Ausführung, die einen eleganten Schwung erhielten, sowie die DKW Sonderklasse mit Heckantrieb.

Die Eleganten

SACHSENRING

HORCH
WIR HORCH - WERKER
BAUEN WIEDER FAHRZEUGE
ZWICKAU 1945 bis 1958
EMW 340-2
Sachsenring
P 240

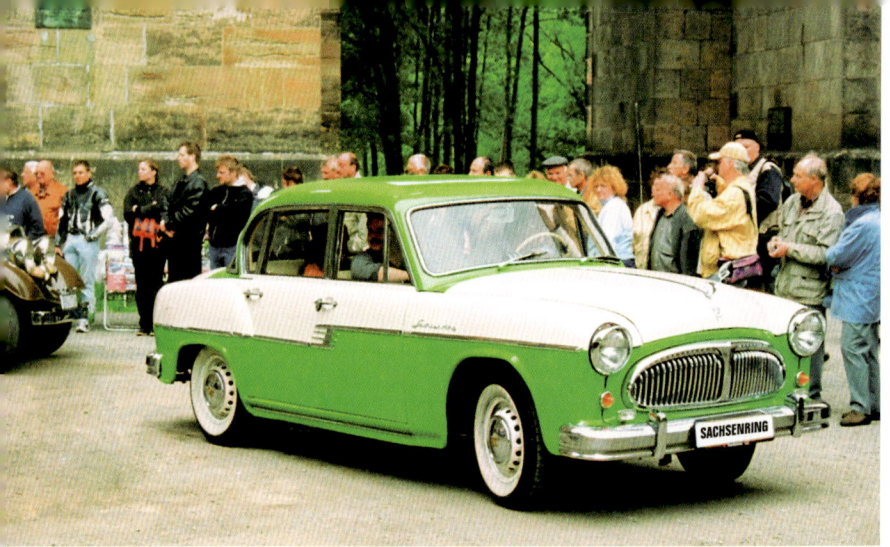

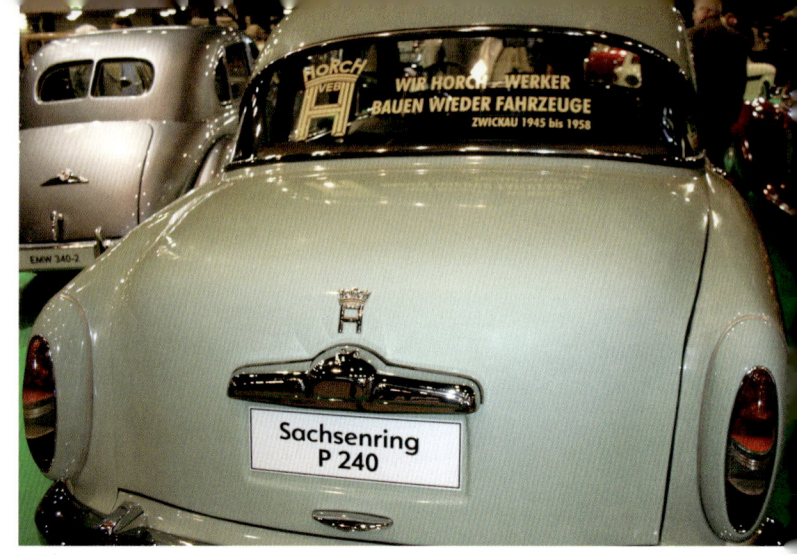

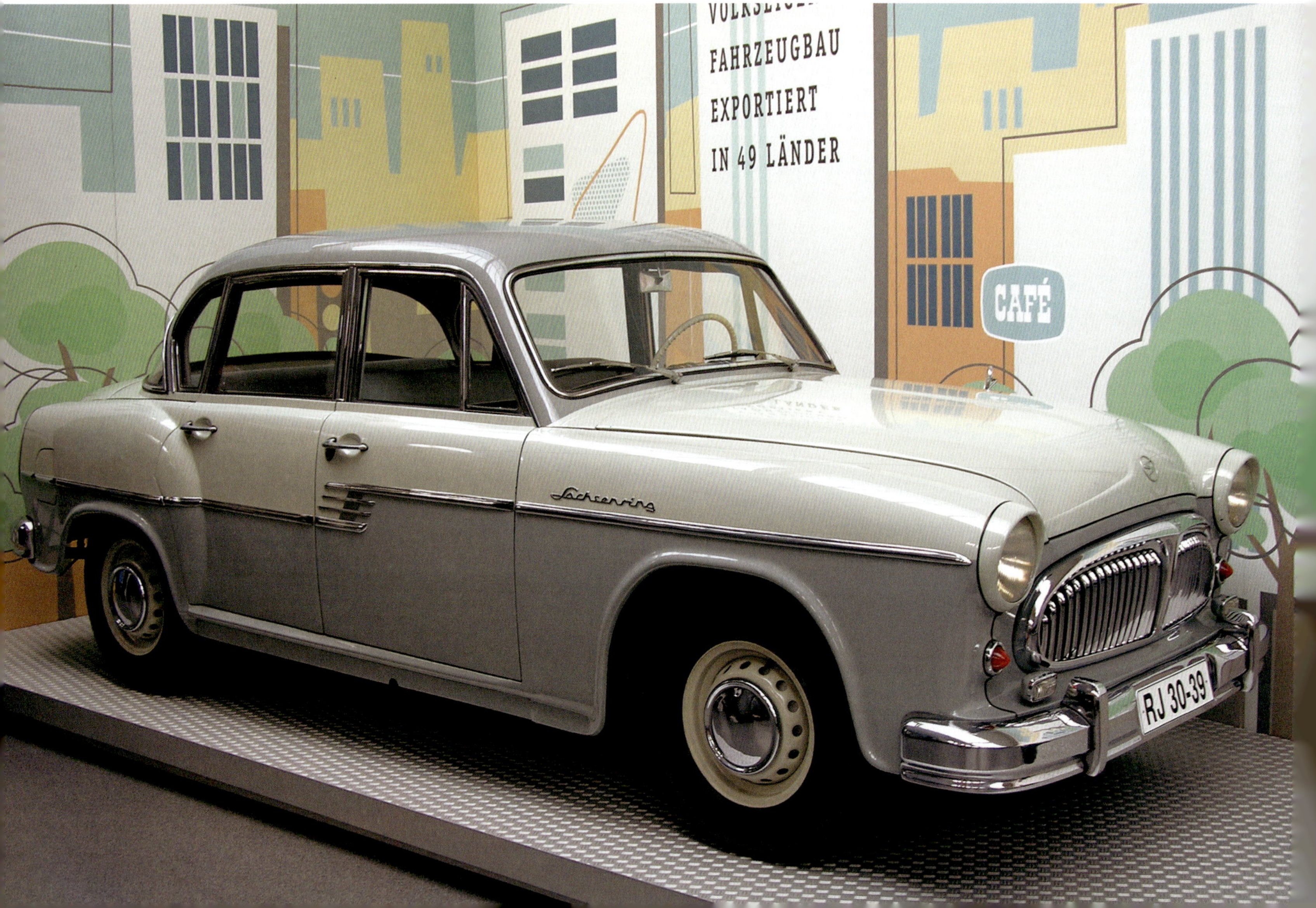
FAHRZEUGBAU
EXPORTIERT
IN 49 LÄNDER
CAFÉ
Sachsenring
RJ 30-39

Der Prototyp verunglückte

Linke Seite

Oben links: Ein Sachsenring unterwegs stößt immer auf interessierte Betrachter.

Oben rechts: Rückansicht einer Sachsenring-Limousine mit Horch-Emblem und dem Stolz der Zwickauer Automobilbauer, endlich wieder Pkw zu fertigen.

Unten: Der Sachsenring P 240 im Horch Museum. Die letzte große Limousine aus Zwickau wurde von 1955 bis 1959 gebaut.

14. Mai 1954: Auf der Reichenbacher Straße in Zwickau schneidet ein Lkw unvermittelt die Fahrspur eines Pkw. Der Pkw-Fahrer kann dem Lkw noch ausweichen, aber das Fahrzeug landet an einem Oberleitungsmast. Das Fahrgestell wird schwer beschädigt. Was sich nach einem glimpflichen Ausgang anhört, war in Wirklichkeit nicht nur für den Fahrer fatal. Ein kompletter Betrieb war geschockt. Denn der Pkw war nicht irgendeiner, sondern ein Prototyp auf seiner ersten Erprobungsfahrt, das Versuchsfahrzeug einer neuen großen Limousine, die am 30. Juni 1954 dem SED-Parteichef Walter Ulbricht zu dessen Geburtstag vorgestellt werden sollte.

Die Vorgeschichte zu diesem als P 240 in den Konstruktionsunterlagen geführten Typ begann ein knappes Jahr zuvor. Die Ereignisse des 17. Juni 1953 bewogen die DDR-Partei- und Staatsführung zum Umdenken in einigen Punkten, so auch bei der Kfz-Industrie. Hatte man vorher dem Nutzfahrzeugbau absolute Priorität eingeräumt, rückte jetzt das Thema Pkw wieder in den Vordergrund. Die Zwickauer Horch-Werke erhielten den Auftrag, einen repräsentativen Oberklassewagen zu entwickeln und zu bauen – bis Ende Juni 1954.

In Zwickau und im IFA Forschungs- und Entwicklungswerk Karl-Marx-Stadt wurde mit Hochdruck und auch großer Freude an dieser Aufgabe gearbeitet. Hieß es doch, dass nach rund 15 Jahren endlich wieder ein imposantes Automobil mit dem gekrönten H in Serie aus den Zwickauer Horch-Werken rollen sollte. Trotz Materialengpässen und fehlenden Zulieferungen entstand bis Mai 1954 das erste Versuchsfahrzeug.

Doch dann der Unfall, das Fahrgestell schwer beschädigt. Aber Glück im Unglück: Die Verantwortlichen der Zwickauer Horch-Werke hatten vorsorglich einen zweiten Fahrzeugrahmen des P 240 anfertigen lassen. In Tag- und Nachtarbeit wurde gebaut. Am 26. Juni war der zweite Wagen fahrbereit und konnte wie gefordert am 30. Juni Walter Ulbricht sowie weiteren Mitgliedern der Partei- und Staatsführung präsentiert werden. Verbunden mit diesem Ereignis ist für Dr. Werner Lang, damaliger Technischer Leiter bei Horch und mit der Projektverantwortung für den neuen Horch betraut, eine Episode unvergesslich geblieben. Nach der ausführlichen Vorstellung der großen Limousine und zufriedenem Kopfnicken der Honoratioren bemängelte Ministerpräsident Otto Grotewohl, dass an dem Auto etwas fehle, nämlich das Waschbecken. Dr. Lang stutzte kurz, ahnte aber dann,

Die Eleganten

1969 wurden zwei Sachsenring-Limousinen für die Nationale Volksarmee zu Paradewagen umgebaut.

worauf Grotewohl hinauswollte. Der Ministerpräsident hatte wohl den kurz vor Kriegsbeginn und nach Kriegsende in weniger als zehn Exemplaren gebauten Horch 930 S vor Augen, der tatsächlich ein aus dem Kotflügel herausklappbares Waschbecken besaß. So viel Luxus wies der neue Horch dann doch nicht auf.

Gebaut wurde der Horch 240 von 1955 bis 1959 insgesamt 1382 Mal. Das war eine weitaus geringere Stückzahl als ursprünglich gefordert. Doch für die parallele Fertigung von Repräsentations- und Massenautomobilen fehlten schon damals in der DDR die Kapazitäten. Zwickau erhielt Order, sich fortan auf den Trabant zu konzentrieren.

Zudem musste der H 240 in seiner kurzen Bauzeit eine Umbenennung über sich ergehen lassen. Die westdeutsche Auto Union hatte zwischenzeitlich erfolgreich gegen die Nutzung des Namens Horch interveniert. Das Horch-Emblem wich ab 1958 dem Schriftzug Sachsenring an den Wagenseiten und dem Sachsenring-S auf der Motorhaube. Für ganz kurze Zeit lebte das Fahrzeugprojekt 1969 nochmals auf. Anlässlich des 20. DDR-Jahrestages bauten die Sachsenring-Werke Zwickau für die Nationale Volksarmee zwei P 240-Limousinen zu Paradewagen um.

72   Die Eleganten

Wartburgs aus Sachsen

Rechts: Dieser Wartburg gehörte zu den Teilnehmern der Sachsen Classic 2010. Das Cabrio wurde Ende der 50er Jahre in den Karosseriewerken Dresden gebaut.

Unten: Das Emblem am Kotflügel verrät: Dieser Wartburg trägt eine Karosserie aus Dresden und wurde im ehemaligen Gläser-Werk gebaut, dem Cabriospezialisten der 20er und 30er Jahre.

Damit keine Missverständnisse aufkommen: Der Wartburg ist ein Produkt der thüringischen Automobilwerke Eisenach. Aber einige besonders elegante Modelle dieser Marke tragen die Handschrift sächsischer Karosseriebauer – Cabrios und Coupés der Typenreihe 311 sowie Sportwagen der 313er Reihe. In den späten 50er Jahren waren das echte Exportschlager des DDR-Fahrzeugbaus.

Die Wartburg-Cabrios wurden in den Karosseriewerken Dresden gebaut, dem Nachfolger des Cabriospezialisten Gläser, der schon Horch, Audi & Co. zu stilvollem Oben-ohne-Fahren verholfen hatte. Auch der in nur wenigen Exemplaren gefertigte Sport 313/1 kam von dort. Dresden und Eisenach teilten sich in diesem Fall die Produktion. Die Coupés entstanden im Karosseriewerk Meerane auf ebenso traditionsreichem Boden. Das ehemalige Hornig-Werk gehörte wie Gläser zu den namhaften deutschen Karosseuren der 20er und 30er Jahre.

Die Eleganten

Eine automobile Rarität aus den Karosseriewerken Dresden war der Wartburg 313 Sport. Vorgestellt wurde dieses schöne Exemplar zur Oldtimermesse 2010 in Chemnitz.

Bis in die frühen 60er Jahre dauerte die Fertigung edler Coupés an, dann folgten hauptsächlich die Karosserien für den Trabant Kombi. Doch mit dem generellen Aus für den ostdeutschen Plastebomber war in Meerane Schluss mit der Automobilfertigung. Die Dresdner Karosseriebauer hatten da mehr Glück. Sie konnten sich über die Wende retten und fanden einen Investor, mit dessen Hilfe die Karosseriewerke Dresden neu in Radeberg entstanden. Dort werden heute Strukturbauteile für Karosserie, Fahrwerk und Sitz für namhafte Marken wie Audi, Bentley, Mercedes, Porsche und Volkswagen produziert.

Rechte Seite

Auch innen eine Augenweide – der Wartburg 313 S

74   Die Eleganten

3
DIE
SPORTLICHEN

Comeback für die Dresdner Flunder

Auf der Internationalen Automobilausstellung IAA in Frankfurt am Main ist die Halle 5 traditionell den Sportwagen vorbehalten. Zur Veranstaltung 2009 waren es nicht die Aston Martins, Jaguars oder Porsches, welche die Aufmerksamkeit von Presse und Fachbesuchern vordergründig anzogen. Zum Mittelpunkt des Interesses geriet ein relativ kleiner Stand in einer Hallenecke. Dort präsentierte ein junges Dresdner Unternehmen sein neuestes Produkt – den Melkus RS2000. Der flache Flügeltürer mit selbsttragendem Aluminium-Rahmen in Monocoque-Bauweise, einer Karosserie aus glasfaserverstärkten Polyesterteilen und einem Vierzylinder-Heck-Mittelmotor mit Benzindirekteinspritzung sowie 300 PS Leistung verkörpert sächsische Automobilbaukunst pur. Entwicklung und Fertigung für das 975-Kilogramm-Leichtgewicht stammen komplett aus dem Freistaat.

Die Dresdner Familie Melkus hat Tradition im Sportwagenbau. Enkel Sepp setzt fort, was sein Großvater Heinz vor rund 60 Jahren begann. Damals startete dieser seine sehr erfolgreiche Rennfahrerkarriere. Doch Heinz Melkus war nicht nur Fahrer, sondern auch Konstrukteur und Fertiger. Sein Traum: Straßentaugliche Rennfahrzeuge zu bauen. Etwas Außergewöhnliches sollte es sein, das dem biederen DDR-Alltag einen Hauch von großer weiter Welt entgegensetzte. Die Idee nahm Ende der 60er Jahre konkrete Gestalt an. Heinz Melkus und sein Team griffen tief in die Trickkiste, um dieses Vorhaben überhaupt in die Tat umsetzen zu können. Starrköpfige DDR-Funktionäre waren am besten mit einer ideologischen Verbrämung weichzuklopfen. So hieß es denn im Antrag zum Bau des Melkus RS1000, dass sich die Arbeiter und Angestellten der Firma Melkus KG zu Ehren des 20. Jahrestages der DDR verpflichten, mit Hilfe einer sozialistischen Entwicklungsgemeinschaft bis zum April 1969 drei Prototypen und bis Oktober 1969 weitere vier Rennwagen herzustellen. Damit wurde das Vorhaben politisch-ideologisch abgesegnet.

Natürlich war bereits vorgearbeitet worden. Mit seinen Söhnen Ulli und Peter hatte Heinz Melkus je ein offenes und geschlossenes Gipsmodell im Maßstab 1:10 geformt. Die eigens für diesen Zweck gebildete Sozialistische Arbeitsgemeinschaft Sportwagen mit Mitarbeitern der Kraftfahrzeugtechnischen Anstalt Dresden, der Automobilwerke

Rechte Seite

Flott unterwegs – der Melkus RS2000.

Vor imposanter Kulisse:
der Melkus RS2000 in Monaco

Linke Seite

Sächsische PS und sächsischer Wein: der RS2000 vor den Elbweinhängen von Schloss Wackerbarth

Eisenach, der Robur-Werke Zittau, der TU Dresden und der Kunsthochschule Berlin-Weißensee entschied, den geschlossenen Entwurf bis zur Serienreife zu entwickeln. Bis 1979 wurden 101 Melkus RS1000 gebaut. Ausgerüstet waren sie mit Wartburg- oder Lada-Motoren. Käufer eines solchen Fahrzeuges durfte eigentlich nur sein, wer eine Fahrerlizenz des Allgemeinen Deutschen Motorsportvereins ADMV besaß. Doch diese strikte Regelung verschwand in späteren Jahren, so dass mancher nicht motorsportlich organisierte Liebhaber zu solch einem Fahrzeug kam.

Die Sportlichen **81**

Oben: Melkus, das ist Rennsportfeeling für die Straße.

Rechts: Der Flügeltürer zeigte sich 2011 auf der Top Marques in Monaco, einem weltweit einzigartigen Zusammentreffen exklusiver Sportwagen.

In Handarbeit fertigen erfahrene Mitarbeiter die Dresdner Sportwagen. Einige von ihnen gehörten bereits zum Team von Heinz Melkus.

Liebhaber ist auch ein Stichwort für die Motivation von Sepp Melkus und seinem Vater Peter, die alles daran setzen, den Sportwagenbau wieder aufleben zu lassen. Für eine kleine, aber feine Zielgruppe exklusive Fahrzeuge zu fertigen, hieß ihr Anspruch, als sie 2006 die Renaissance für die Dresdner Flunder einläuteten. Mit einem kleinen Team erfahrener Konstrukteure und Techniker legten sie zunächst eine kleine Serie des RS1000 wieder auf. Gleichzeitig wurde an der Entwicklung des RS2000 gearbeitet, dessen Design von Prof. Lutz Fügener stammt. Parallel dazu galt es, den Fertigungsprozess zu planen, die

Manufaktur in Dresden-Weißig aufzubauen und die notwendigen Partner für eine Kleinserie von bis zu 25 Wagen pro Jahr zu finden. Entstanden ist ein Netzwerk von insgesamt 36 Partnern, die von der Normteilfertigung über Interieurspecials, von der Motoren- und Fahrwerkstechnik bis zur Prüfung im Windkanal alle notwendigen Leistungen für die Fertigung und für die technische Abnahme des RS2000 erbringen. Knapp 90 Prozent der Unternehmen sind in Sachsen ansässig, die meisten davon in unmittelbarer Nachbarschaft der Sportwagenmanufaktur.

Links: Jedes Fahrzeug erhält eine Plakette mit den Namen der Erbauer.

Rechts: Ein von Heinz Melkus gebauter RS1000, gesteuert von Sohn Peter zur Sachsen Classic 2003

Die Sportlichen

Das Nein zum YES aus Sachsen

Dem puristischen Sportwagen YES war nur ein kurzes Intermezzo in Sachsen beschieden.

Mit Rückschlägen mussten sich nicht nur die Pioniere des Automobilbaus auseinandersetzen. Enttäuschungen bleiben auch heute nicht aus. YES hieß für ein knappes Jahrzehnt die Hoffnung auf einen weiteren Sportwagen made in Saxony. Junge Ingenieure und Designer wollten YES als Young Engineers Sportscars verstanden wissen und entwickelten ein Fahrzeug für sportliche Fahrer – ohne Dach, ohne Türen, ohne sonstigen Komfort. Ganz puristisch. Nach einer aufsehenerregenden Präsentation zur Internationalen Automobil-Ausstellung IAA 1999 in Frankfurt/Main siedelten sie im Jahr 2000 ihr Unterneh-

men auf dem ehemaligen Flugplatz in Großenhain bei Dresden an. Dort wurden die Sportwagen nach den Vorstellungen der Kunden gefertigt und ausgeliefert. Es gab viel Lob und Ehre für das Konzept. Neben verschiedenen Designpreisen wie dem Good Design Award, dem Chicago Athenaeum und dem Lucky Strike Junior Award erhielt das Unternehmen im Sommer 2004 den Deutschen Gründerpreis in der Kategorie Aufsteiger. Vom ersten YES wurden bis dahin gut 200 Exemplare gefertigt. Es folgten noch zwei weitere Fahrzeuggenerationen. Doch der wirtschaftliche Erfolg blieb aus. 2009 musste Insolvenz angemeldet werden. Das gesamte Projekt inklusive Entwicklungsunterlagen, Equipment und noch vorhandener Teile wurde an eine neu gegründete Gesellschaft nach Hessen verkauft. Dort wollte sich ein Kunde des YES der dritten Generation nicht mit dem Ende der Marke abfinden und hat die Fertigung des Roadsters seit 2010 wieder belebt.

Ausgezeichnetes Design verleiht dem YES seine ganz eigene Optik.

Die Sportlichen

Porsche-Fahrten zu den Wildpferden

Ufo oder auf die Spitze gestellter Diamant? Auf jeden Fall ist das Porsche-Kundenzentrum in Leipzig sehr futuristisch gestaltet.

Wer an Porsche denkt, denkt nicht unbedingt an ein Biotop. Doch das Werk in Leipzig zeigt: PS und Ökologie schließen sich nicht aus. Probefahrten mit dem sportlichen Geländewagen Cayenne führen über einen sechs Kilometer langen Offroad-Parcours, auf dem eine Begegnung mit Auerochsen und Wildpferden nicht ausgeschlossen ist. Aber keine Angst – die Tiere kreuzen nicht die Strecke! Sicher abgetrennt davon beweiden sie die Flächen, verhindern eine Verbuschung und Verwaldung des Geländes und garantieren damit Lebensräume für weitere Tier- und Pflanzenarten.

Mit der Fertigung des limitierten Hochleistungssportwagens Carrera GT legten die Leipziger Porsche-Werker ihre Meisterprüfung ab.

Die Sportlichen

Wintertest für den Porsche Cayenne aus Leipzig auf der Geländestrecke gleich am Werk

Die Sportlichen

36
36

PORSCHE
Panamera S

PANAMERA

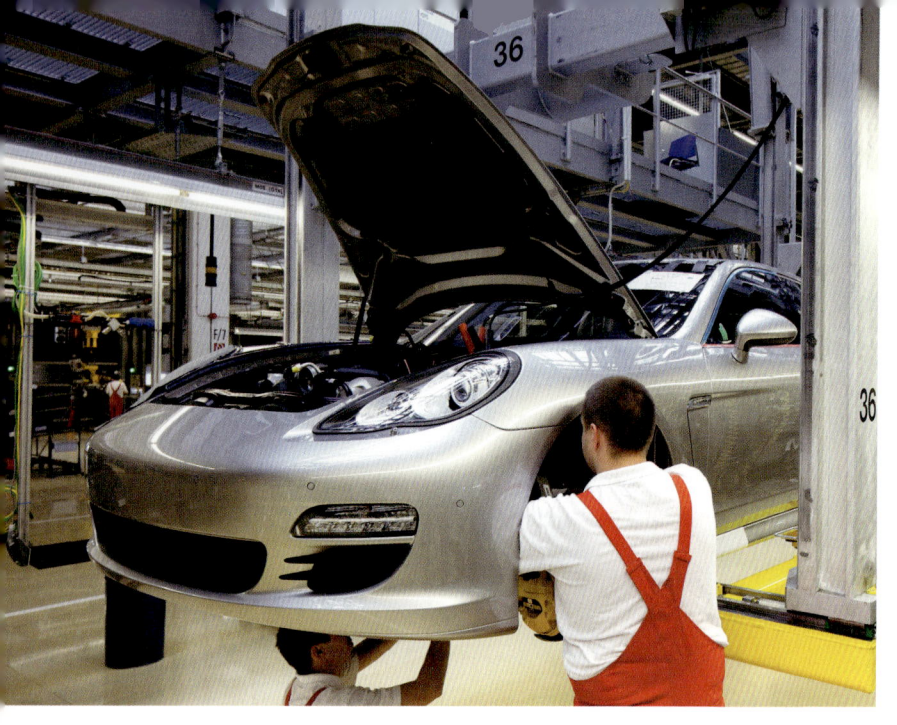

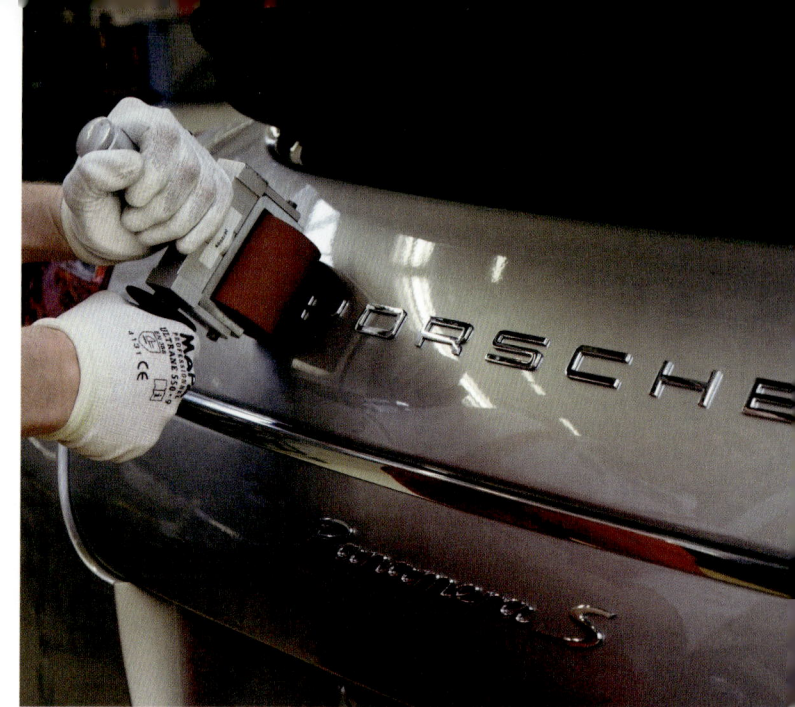

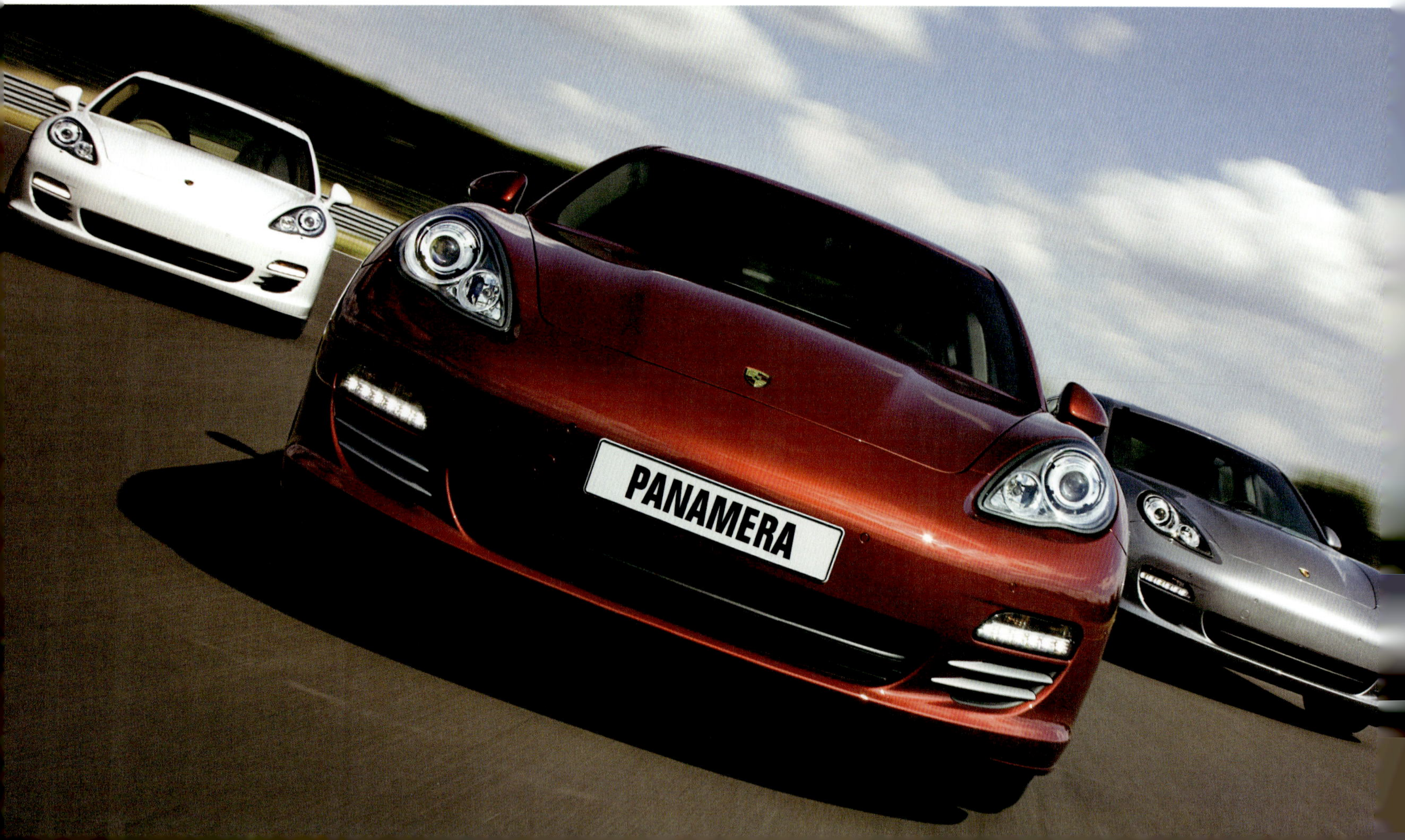

Linke Seite

Oben links: Produktion bei Porsche Leipzig

Oben rechts: Wo Porsche drin ist, muss auch Porsche drauf stehen: Anbringen des Schriftzugs.

Unten: Ein erfolgreicher Sachse ist der Porsche Panamera.

Für das Autoland Sachsen war das schon ein Paukenschlag, als Porsche im September 1999 verkündete, in der Messestadt eine Fabrik zu errichten, in der nach den in Stuttgart beheimateten Baureihen 911 und Boxster ein drittes und völlig neues Produkt des Sportwagenbauers entstehen sollte – ein sportlicher Geländewagen. Dafür kaufte das Unternehmen erst einmal viel Land. Das Montagewerk für den mittlerweile auf den Namen Cayenne getauften Geländewagen, das an ein Ufo erinnernde Kundenzentrum, die Einfahr- und Formel-1-taugliche Rennstrecke sowie die Geländestrecke entstanden bis Ende 2002. Übrigens alles ohne staatliche Subventionen, denn derlei passt nicht in die Unternehmens-Philosophie. 2003 folgte ein weiterer umfangreicher Geländekauf. Nicht um darauf Fußballfelder anzulegen, verkündete der damalige Vorstandschef Wendelin Wiedeking. Das klang nach weiteren Paukenschlägen im Sinne des Autolandes Sachsen.

Erst einmal lief im Sommer 2002 die Produktion des Cayenne an. Bis März 2004 wurden 50 000, bis Juni 2005 bereits 100 000 Fahrzeuge gebaut. Dazwischen, im August 2003, erhielt Leipzig ein weiteres anspruchsvolles Projekt. Den Bau einer limitierten Edition des Hochleistungssportwagens Carrera GT vergab die Zentrale nach Sachsen. Bis Mai 2006 entstanden in Manufakturarbeit 1270 dieser Fahrzeuge. Nach der Gesellenprüfung Cayenne hatten die Leipziger damit ihr Meisterstück geliefert.

Der freigewordene Platz blieb nicht lange leer. Eine nächste kräftige Erweiterung stand ins Haus. Sozusagen mit dem Auslaufen der Carrera GT-Fertigung gab Porsche bekannt, die inzwischen geplante vierte Baureihe des Sportwagenbauers, den viertürigen Gran Turismo Panamera, ebenfalls in Leipzig zu produzieren. Im September 2006 begann der Bau der rund 25 000 Quadratmeter großen neuen Fertigungshalle sowie eines fast ebenso großen Logistikzentrums. Im Frühjahr 2008 wurden die ersten Panamera-Prototypen montiert. Im April 2009 startete die Serienproduktion.

Damit gibt es nun zwei Porsche-Erfolgsmodelle made in Saxony, aber keineswegs ruhige Fahrt, denn der nächste Paukenschlag kündigte sich bereits an. Im März 2011 entschied der Aufsichtsrat, die fünfte Baureihe ebenfalls in Leipzig zu produzieren. Dabei wird der kleine Geländewagen namens Cajun noch mehr ein Sachse sein als Cayenne und Panamera. Denn während die Letztgenannten in Leipzig nur montiert werden, erhält die Fabrik im Zuge der Cajun-Fertigung einen eigenen Karosseriebau sowie eine Lackiererei und mausert sich zum vollwertigen Produktionsstandort. Nicht weniger als 1000 neue Arbeitsplätze sollen in diesem Zusammenhang entstehen. Bisher haben etwa 800 Mitarbeiter direkt im Porsche-Werk Leipzig sowie bei umliegenden Zulieferern einen Job.

Die Sportlichen

Renaissance der Roadster

Zeitgenössische Werbung für einen DKW-Roadster

Rechte Seite

Dieser wieder auferstandene Audi Front Roadster 225 war zum 100. Audi-Geburtstag 2009 auf Zwickaus Straßen zu erleben.

Sportliche sächsische Fahrzeuge, die vor 1940 entstanden, waren zumeist auch elegante Fahrzeuge. Vor allem Roadster verbanden diese beiden Prädikate sehr eindrucksvoll. Ein besonders stilvoller Vertreter aus dieser Zeit ist der Horch Roadster 855. Der Achtzylinder mit 120 PS und sportlich-eleganter Karosserielinie wurde 1938/39 in nur wenigen Exemplaren gebaut. Ein Grund dafür dürfte der Preis gewesen. Für die Summe von 22 000 Reichsmark aufwärts bekam man damals schon ein Einfamilienhaus. Heute ist Liebhabern dieses Fahrzeug eine siebenstellige Summe wert.

In die Reihe dieser exklusiven Fahrzeuge gehört der Audi Front 225 Roadster, der 1935 in nur zwei Exemplaren gebaut und auf der Berliner Automobilausstellung vorgestellt wurde. Einer fand rasch einen Käufer und tauchte für immer ab ins Private. Von dem anderen Wagen verloren sich die Spuren ebenso schnell. Der 100. Geburtstag der Marke Audi im Jahr 2009 war dem Konzern Anlass, den Front 225 Roadster wieder auferstehen zu lassen.

Für solche kniffligen Aufgaben kommen die Ingolstädter gern zurück zu ihren sächsischen Wurzeln. Denn Oldtimer-Raritäten neu zu erschaffen ist eine Spezialität von Restaurator Werner Zinke und

Die Sportlichen

Dieser Horch Roadster 855 wurde 1939 in Zwickau hergestellt und besitzt eine Gläser-Karosserie aus Dresden.

Sportlich und elegant – der
Horch Roadster 855

seinem Team im erzgebirgischen Zwönitz unweit von Zwickau. 2005 begann die Rekonstruktion, ohne Pläne, nur anhand einiger Fotos. In Zusammenarbeit mit der Westsächsischen Hochschule Zwickau entstand ein Modell im Maßstab 1:5. Daran wurden die Karosserielinien und der Radstand bestimmt. Herauskam, dass der Roadster auf der Limousine des Front 225 basiert. Ein gesundes Chassis dieses Modells bildete das Fundament für den Aufbau des Sportwagens, was einige tausend Stunden Handarbeit von Spezialisten in Anspruch nahm. Die Restauratoren schreinerten den Holzrahmen der Karosserie,

dengelten die Bleche, polsterten die Sitze mit echtem Rosshaar, nähten die Lederbezüge wie vor 70 Jahren, setzten Motor und Fahrwerk instand. Zum 100. Audi-Geburtstag rollte der Roadster in alter Schönheit über Zwickaus Straßen.

Auch mancher Wanderer-Roadster und weitere Modelle dieser Marke haben dank Werner Zinke und seinem Team wieder zu ihrer früheren Eleganz zurückgefunden. Ebenso gibt es in Sachsen mit Frieder Bach einen anerkannten Restaurationsspezialisten, der vor allem DKW-Fahrzeugen zu einer Renaissance verhilft.

Wanderer-Roadster W25K, restauriert von Werner Zinke

Die Sportlichen

4

DIE
SCHNELLEN

Heimatluft für den Silberpfeil

Linke Seite

Auto Union Typ D zur 100-Jahr-Feier von Audi

Bergkönig Hans Stuck siegt 1935 bei der Deutschen Bergmeisterschaft auf Auto Union Typ B.

Leuchtende Augen bekommen Zwickauer Automobilbauer, wenn es um das Thema Silberpfeile geht. So nannte man die Grand-Prix-Rennwagen, mit denen die Auto Union in den 30er Jahren von Sieg zu Sieg eilte. Hans Stuck, Bernd Rosemeyer oder Ernst von Delius hießen die Schumis und Vettels von damals.

Gebaut wurden die schnellen Wagen, deren Sechszehnzylinder-Motor kein geringerer als Ferdinand Porsche konstruiert hatte, im Zwickauer Horch-Werk. Was heute undenkbar wäre: Die Grand-Prix- und die Serienfertigung erfolgten in der gleichen Abteilung. Die sächsischen Silberpfeile waren von 1934 bis 1937 in 32 von 54 Rennen die Nummer eins in der Welt. Außerdem fuhren die auf den Rennwagen aufbauenden Stromlinienfahrzeuge damals einen Geschwindigkeitsweltrekord nach dem anderen ein. Bernd Rosemeyer durchbrach 1937 als erster Mensch die Schallmauer von 400 km/h auf einer normalen

Im vollen Drift: Bernd Rosemeyer 1937 bei seinem Sieg in Donington auf dem Auto Union Silberpfeil Typ C. Diesen Wagen haben sächsische Automobilenthusiasten in einem grandiosen Projekt nachgebaut.

Links: Auto Union-Rennfahrer Hans Stuck bei einem Boxenstopp 1938 zum Großen Preis von Deutschland auf dem Nürburgring

Rechts: Die erfolgreichen Fahrer der Auto Union-Silberpfeile: Achille Varzi, Hans Stuck und Bernd Rosemeyer (v. l.).

Straße. 1938 brach ihm jedoch ein erneuter Rekordversuch im wahrsten Sinne des Wortes das Genick. Die Auto Union beteiligte sich fortan nicht mehr an diesen waghalsigen Fahrten.

Doch zurück zu den Rennwagen. Ihr erfolgreichster wurde der Auto Union Typ C von 1936/37. Er verkörperte technisches Höchstniveau im internationalen Automobilrennsport. Weltspitze aus Zwickau! Und ausgerechnet dieser Wagen sollte an seiner Geburtsstätte – in der Dauerausstellung des 2004 neu eröffneten Zwickauer Horch Museums – fehlen. Dass kein Silberpfeil verfügbar sei und ein Nachbau nicht vorhandene Millionen verschlingen würde, nahmen die Herren

Rechte Seite

Nachbau des Auto Union Typ C Stromlinie. Mit einem solchen Gefährt durchbrach Bernd Rosemeyer 1937 erstmals die Schallmauer von 400 km/h. Gezeigt wurde das Fahrzeug 2008 in einer Sonderschau des Verkehrsmuseums Dresden.

Links: Rainer Mosig, Initiator, Projektleiter und nimmermüder Vorantreiber des Rennwagennachbaus

Mitte: Die studentischen Konstrukteure des Rennwagens

Rechts: Erfahrene Automobilbauer bei der Rennwagenmontage

Es ist geschafft. Der Auto Union Typ C hat seinen Platz in der Dauerausstellung des Horch Museums gefunden.

Die Schnellen

Linke Seite

Blick in das Cockpit des Typ C Nachbaus, wie alles an dem Rennwagen originalgetreu

im Präsidium des Museums-Fördervereins, alles gestandene Automobilbauer, nicht hin. »Ohne die dauerhafte Ausstellung eines Silberpfeils bleibt das neue Museum ein Torso. Wir werden ein solches Fahrzeug nachbauen. Wenn unsere Leute das vor 70 Jahren geschafft haben, schaffen wir das heute auch«, verkündete der erfahrene Fahrzeugingenieur Rainer Mosig auf einer Sitzung des Museumsbeirates im Mai 2003.

Was damals ungläubiges Staunen erntete, setzten Rainer Mosig, weitere Mitglieder des Fördervereins und viele, viele Helfer mit Wissen, Können, Enthusiasmus sowie einem schier unendlichen Durchhaltewillen um. Die Ausgangssituation war sozusagen ein leeres Blatt. Es gab weder Konstruktionsunterlagen noch Geld. Eine enorme Herausforderung für den automobilen Ehrgeiz der Zwickauer. Auch für die ehemaligen Arbeitgeber von Rainer Mosig, die Zwickauer Unternehmen FES GmbH Fahrzeug-Entwicklung Sachsen und Auto-Entwicklungsring Sachsen GmbH. Die Entwicklungspartner für namhafte europäische Automobilhersteller und Zulieferer haben das Projekt mit ihren Möglichkeiten in Konstruktion sowie Fertigung von Karosserie und Fahrwerk von Anfang an maßgeblich unterstützt.

Bei der Nachkonstruktion bewährte sich ein generationenübergreifendes Arbeiten. Alte Automobilhasen und Kfz-Technik-Studenten der Westsächsischen Hochschule Zwickau konstruierten mit Hilfe von modernsten CAD-Programmen den Rennwagen nach. In den folgenden Baustufen konnten viele Firmen und weitere Förderer für materielle und finanziellen Unterstützung gewonnen werden. 49 Unternehmen, Institutionen und Organisationen sowie zahlreiche ehrenamtliche Helfer führten das Projekt zum Erfolg. Am 26. August 2010, nach sieben Jahren nimmermüder, überaus engagierter, kraft- und zeitaufwendiger Arbeit, stand das Ausstellungsfahrzeug fix und fertig auf seinen Rädern. Seit dem 17. Februar 2011 thront der legendäre Auto Union-Rennwagen an exponierter Stelle im Zwickauer Horch Museum und füllt eine Lücke bei der Präsentation sächsischer Automobilbaugeschichte.

Welch grandiose Leistung hinter diesem eingelösten Versprechen steht, kann wahrscheinlich nur ein Insider der Branche ermessen. Die Mitwirkenden an diesem ambitionierten Projekt haben – angefangen bei null Euro – einen Gesamtwert von rund 1,5 Millionen Euro geschaffen. Unternehmen und Organisationen vorwiegend aus der Zwickauer Region steuerten materielle Leistungen im Wert von 924 500 Euro sowie Geldspenden von 43 500 Euro bei. Hinzu kommen fast 12 000 Stunden an ehrenamtlicher Arbeit, die – hätte man sie vergüten müssen – rund einer halben Million Euro entsprechen. Und das Benzin im Blut der Fördervereinsmitglieder brodelt weiter. Man darf sich auf neue spektakuläre Projekte freuen.

Die Schnellen

Melkus setzt auf Nummer 81

Melkus-Rennfahrzeuge tragen die Nummer 81. Damit feierte bereits Heinz Melkus zwischen 1950 und 1977 zahlreiche Erfolge in über 200 Rennen. Herausragend sind die sechs DDR-Meisterschaften sowie der dreimalige Gewinn des Titels Pokal für Frieden und Freundschaft, sozusagen der Osteuropameisterschaft. Auch Sohn Ulli setzte auf die 81. Von 1968 bis zu seinem tödlichen Verkehrsunfall im Jahr 1990 nahm er an über 180 Rennen teil. Dabei wurde er fünffacher DDR-Meister und ebenso fünffacher Sieger beim Pokal für Frieden und Freundschaft.

Jetzt ist es Sepp Melkus, Enkel von Heinz und Neffe von Ulli, der die 81 wieder zum Synonym für erfolgreichen Motorsport aus Sachsen machen will. Unter Leitung von Vater Peter – wie könnte es in der Familie Melkus anders sein –, natürlich auch ein leidenschaftlicher Rennfahrer, trat er 2010 mit seinem Partner Chris Vogler zum Kampf um Punkte auf internationalen Rennstrecken an. Der RS2000 GTR, die Rennversion des Melkus RS2000, will in der DMV Touring Car Championship, der Rennsportserie für Tourenwagen, den Porsches und Ferraris gehörig Konkurrenz machen.

Unten: Heinz Melkus auf der Rennstrecke in seiner »Zigarre«

Rechte Seite

Sepp Melkus (l.) und Chris Vogler mit dem Melkus RS2000 GTR, der Rennversion des RS2000

Die Schnellen

Der Melkus auf dem Sachsenring bei Hohenstein-Ernstthal

Preisregen für den Alpensieger

Sachsens Automobilpionier August Horch hat einen von ihm konstruierten Wagen besonders lang gefahren. Von 1914 bis 1933 war ihm der Audi Typ C 14/35 PS ein wahrhaft getreuer Gefährte, schreibt er in seiner Biografie. Kein Wunder, denn mit dem Typ C hat er im Prinzip Wunder vollbracht.

Horch war nicht nur in Konstruktion und Fertigung heimisch. Er wandte sich mit großer Lust auch automobilsportlichen Wettbewerben zu, wusste er doch genau um die verkaufsfördernden Wirkungen, wenn sie denn erfolgreich waren. Besonders schätzte er Langstreckenfahrten und da vor allem die seiner Meinung nach schwierigste – die Internationale Österreichische Alpenfahrt, etwa vergleichbar mit einer heutigen Rallye-Weltmeisterschaft. Bei der Alpenfahrt zählte nicht nur ein Jahreserfolg. Wer in einem Turnus von drei aufeinanderfolgenden Jahren die wenigsten Strafpunkte aufzuweisen hatte, erhielt außerdem den Großen Alpenwanderpreis. Das bedeutete enormes Prestige.

Der Audi Alpensieger auf einer Oldtimerausfahrt

Die Schnellen **115**

Links: Mit dem Audi Typ C beherrschte August Horch die Österreichische Alpenfahrt.

Rechts: Der Audi Typ C wurde als Alpensieger ein Verkaufsschlager.

Horch, der 1909 Audi gegründet hatte und mit seiner jungen Firma auf den Markt wollte, kokettierte heimlich mit dem Wanderpreis für die Jahre 1912 bis 1914. Wie jedes Ziel in seinem Leben ging er auch dieses Vorhaben wohl vorbereitet an. Der Testlauf 1911 wurde ein voller Erfolg. Nach 2250 Kilometern blieben von 75 Startern nur zwölf strafpunktfrei. Einer von ihnen war August Horch. Er gewann auf Anhieb den Ersten Preis in der Einzelwertung.

So im wahrsten Sinne des Wortes erfahren, rüstete Horch für den 1912 beginnenden Turnus. Die drei Alpen-Wagen erhielten ein normales Chassis und eine besonders starke Karosserie sowie als Referenz an Österreich die Farben Schwarz-Gelb, wobei das Gelb an der Karosserie dominierte.

Horch hatte auf dieser Fahrt nicht ganz so viel Glück. Auf der Etappe von Laibach nach Graz riss der Ventilatorriemen seines Wagens. Er bekam Strafpunkte. Die weiteren Fahrer Hermann Lange, Ingenieur bei Audi und Horch-Vertrauter, und der Audi-Vertreter Alexander Graumüller blieben strafpunktefrei. Mit zwei ersten Preisen und drei Silbermedaillen kehrten die Teams nach Zwickau zurück.

Angetrieben von diesen Leistungen konstruierte Horch einen noch größeren und stärkeren Wagen – den Audi Typ C 14/35 PS. Auch er fuhr sofort in der Erfolgsspur und siegte zur Alpenfahrt 1913. Von die-

Prominenz im Alpensieger: Zum 100. Audi-Jubiläum 2009 nahmen Sachsens Ministerpräsident Stanislaw Tillich (am Steuer), Audi-Vorstandsvorsitzender Rupert Stadler (Beifahrer), Zwickaus Oberbürgermeisterin Dr. Pia Findeiß und der damalige Sächsische Landtagspräsident Erich Illtgen in diesem Audi Platz, der im Zwickauer Horch Museum steht.

sem Wettbewerb kehrte die Audi-Mannschaft mit insgesamt 14 Preisen heim, darunter der nur einmal vergebene Teampreis. Die Triumphe beflügelten die Nachfrage nach Audis aus Zwickau. Im Feld der Alpenfahrer machte der Spruch von der »gelben Gefahr« die Runde.

Noch fehlte aber das dritte Jahr im Turnus. Doch auch diese acht Etappen von Wien über Klagenfurt, Triest, Toblach, Bozen, Telfs, Villach, Golling zurück nach Wien mit insgesamt 2930 Kilometern und noch mehr Bergpässen als in den Vorjahren bewältigten die Audi-Wagen bravourös. Zwischendurch hatte der Chef sogar noch die Muse, dem Präsidenten des Tiroler Automobilklubs einen Audi zu verkaufen. Wieder zurück in Wien, konnten die Audianer ihre Erfolge genießen. Sie hatten sich den Großen Alpenwanderpreis, den Teampreis und sieben Ehrenpreise geholt. Der Empfang in Zwickau war überwältigender noch als in den Vorjahren. Und der Audi Typ C wurde zum Verkaufsschlager. Der Alpensieger war geboren.

Horchs letzte Fahrt mit diesem Wagen durch Berlin bescherte ihm übrigens noch ein Erlebnis mit einem Droschkenchauffeur der Stadt. An einer Kreuzung rief dieser ihm zu: »Sie, alter Herr, wenn Sie sich nochmal'n janz juten Lehrer nehmen, denn lernen Sie det Fahren ooch noch!« Er soll Horch noch eine Weile angeblickt und dann mitleidig geknurrt haben: »Vielleicht.«

Die Schnellen

Manchmal läuft's nur mit Schiebung

Frieder Bach im DKW F1-Rennwagen

Das Museum für sächsische Fahrzeuge in Chemnitz konnte sich im Frühjahr 2011 über Zuwachs freuen. Ein DKW-Rennwagen von 1931 bereichert seitdem die Sportfahrzeugsammlung dieser Marke. Museumsgründer und DKW-Experte Frieder Bach hat das Fahrzeug über Jahre restauriert und dessen Leistungsfähigkeit bei zahlreichen Oldtimerrennen selbst getestet. Wofür immer auch eine zweite Person notwendig ist, denn der Rennwagen mit Motorrad-Ladepumpenmotor hat keinen Starter. Um ins Rollen zu kommen, hilft nur Schieben. Anschieben.

DKW-Rennwagen auf F8-Basis: 1950 in Aktion in der Queckenbergkurve auf dem Sachsenring (l.) und heute im Museum für sächsische Fahrzeuge in Chemnitz (r.)

Der 130 km/h schnelle DKW F1-Rennwagen ist nicht nur deshalb ein seltenes Stück. Wahrscheinlich wurde er in lediglich fünf Exemplaren gebaut. Er sollte den brandneuen DKW Front F1 unterstützen, den ersten Fronttriebler in Großserie, der 1931 auf den Markt kam. So wurden Monopost-Karosserien auf das F1-Fahrgestell gesetzt und erstmals zum Eifelrennen im Juni 1931 auf dem Nürburgring an den Start geschickt. Es folgten nicht mehr allzu viele Einsätze, denn mit der Gründung der Auto Union 1932 wurden die Rennsportaktivitäten konzentriert auf die Auto Union-Silberpfeile.

Nach 1945 waren es wieder DKW-Modelle, mit denen die Sachsen den Autorennsport belebten. Die auf F8 und F9 basierenden Wagen begeisterten Ende der 40er und Anfang der 50er Jahre Tausende Zuschauer am Sachsenring in Hohenstein-Ernstthal, im Oval des Zwickauer Stadions, bei den Leipziger Stadtparkrennen und auf einem Autobahnabschnitt bei Dessau. Sie erreichten Höchstgeschwindigkeiten bis zu 160 km/h.

Frieder Bach wird den DKW F1 Monoposto übrigens noch ab und zu für Fahrten aus dem Museum entführen, auch wenn manch schmerzhafte Erfahrung damit verbunden ist. Bei einem Rennen ging der Motor aus. Wahrscheinlich war verschmutzter Treibstoff die Ursache. Doch wie wieder loskommen? Frieder Bach bat Zuschauer um Hilfe. Noch bevor er wieder im Fahrzeug saß, waren diese schon so eifrig beim Schieben, dass sie ihm über den Fuß fuhren. Drei gebrochene Mittelfußknochen hinderten ihn nicht, das Rennen zu Ende zu fahren.

Die Schnellen

Wanderer auf der Rennpiste

International geschätzt wird die Arbeit von Restaurator Werner Zinke. Der Meister (links im Bild) beim Fachsimpeln an einem Audi Front.

Können Wanderer rennen? Eindeutig ja. Und nicht nur die Zweiräder dieser Marke. Auf vier Rädern sorgte in den 20er Jahren der W8 für Aufsehen. Der 5/15-PS-Wagen war für einige Klassensiege gut. Dem Dänen Carl Höltzer gelang im August 1921 sogar ein Gesamtsieg bei der Fernfahrt Paris–Kopenhagen. Der Wanderer W8 startete 1922 auch beim sizilianischen Klassiker Targa Floria. Daraus entwickelte Wanderer einen Sportzweisitzer gleichen Namens, von dem weltweit nur noch ein Exemplar als erhalten gilt. Im Museum für sächsische Fahrzeuge Chemnitz war es 2010 in einer Sonderschau zu sehen.

Ein automobilsportliches Ausrufezeichen setzte Wanderer nochmals 1938 und 1939. Mit drei Stromlinien-Spezial-Rennwagen bewältigten Werksteams die 4700 Kilometer lange Fernfahrt Lüttich–Rom–Lüttich. Bei dem als Königin unter den Rallyes gerühmten Wettbewerb durfte nur zum Tanken gehalten werden. Die Fahrerteams, die auf den damaligen Straßen mindestens 50 Kilometer pro Stunde zurücklegen mussten, saßen bei ihrem Dauerritt über Ardennen, Alpen, Apennin und zurück mehr als 100 Stunden ohne Unterbrechung am Steuer. 1939 kamen alle drei gestarteten Wanderer Stromlinie Spezial der Auto Union AG ins Ziel: Sie gewannen die für Werksteams wichtigste Auszeichnung – den Coupe des Constructeurs, die Markenwertung.

120   Die Schnellen

Dass diese drei Wagen 65 Jahre nach dem Sieg erneut zur Fernfahrt starten konnten, ist sächsischer Ingenieurs- und Handwerkskunst zu verdanken. Für Restaurator Werner Zinke aus dem sächsischen Zwönitz und sein Team war der Neuaufbau eine große Herausforderung. Bis auf Radstand und Spur gab es keine verlässlichen Daten. Wie so oft bei solchen Rekonstruktionen fand die Orientierung vor allem an historischen Fotos statt. Nach Computerberechnungen wurden ein Drahtgitter-, dann ein Holzmodell konstruiert, die Bleche in Handarbeit auf Ledersäcken geklopft und danach geglättet. Zwei Jahre dauerten die Arbeiten.

65 Jahre nach ihrem großen Sieg starteten 2004 erneut drei Wanderer Stromlinie Spezial zur Fernfahrt Lüttich–Rom–Lüttich. Die Fahrzeuge entstanden originalgetreu in den Werkstätten von Werner Zinke im sächsischen Zwönitz.

Die Schnellen

Kühlerhaube des Wanderers Targa Floria, Baujahr 1923. Das weltweit wohl einzig erhaltene Exemplar war 2010 im Museum für sächsische Fahrzeuge zu sehen.

Awtowelos für Stalin

Im Rennsportmuseum im englischen Donington wird ein Fahrzeug mit vier Ringen am Bug als ein Auto Union Silberpfeil ausgewiesen, ohne jedoch dessen typische Merkmale aufzuweisen. Kann es auch nicht, denn es ist kein Auto Union, sondern ein Awtowelo 650, einer von zwei Rennwagen, die zwischen 1948 und 1952 im Automobiltechnischen Büro Chemnitz, der ehemaligen Zentralen Versuchsanstalt der Auto Union, entstanden. Auftraggeber war das sowjetische Kombinat Awtowelo, das sich hauptsächlich aus den Automobilwerken Eisenach und der Jagdwaffenschmiede Suhl zusammensetzte und auch das Büro in Chemnitz unterhielt.

Um den Awtowelo 650 rankt sich manche Legende. So vermutete man in ihm lange Zeit die letzte Silberpfeil-Entwicklung Typ E der Auto Union, was wahrscheinlich auch zu den aufgemalten vier Ringen auf dem Donington-Wagen geführt haben könnte. Aber es ist definitiv kein Auto Union-Rennwagen.

Im Frühjahr 1952 mussten die beide kaum fertiggestellten und wenig fahrerprobten Awtowelos überstürzt für den Transport in die Sowjetunion vorbereitet werden. Kolportiert wird, dass Stalins Sohn Wassilij

Links: Ein echter und ein falscher Silberpfeil im Rennsportmuseum Donington. Das Fahrzeug links ist ein Awtowelo.

Rechts: Einer von zwei Awtowelos 650, die in Chemnitz gebaut wurden

Die Schnellen

Das Rolling Chassis des Awtowelo 650 hat 2011 seinen Platz in der Dauerausstellung des Industriemuseums Chemnitz gefunden.

die Fahrzeuge unter dem Namen Sokol (Falke) in Motorsportrennen schicken wollte. In Unkenntnis der richtigen Treibstoffmischung kamen die Falken nicht so recht ins Fliegen, respektive Laufen. Also ging die Ware retour nach Berlin. Eine Verbindung zu den Entwicklern in Chemnitz schien nicht bekannt zu sein, denn es gab keine Berührung mehr zwischen ihnen und den Fahrzeugen.

Das Rennkollektiv Johannisthal und das Automobilwerk Eisenach wurden weitere Aufenthaltsorte der Awtowelos. Einen Auftritt erlebten sie noch in dem DEFA-Streifen »Rivalen am Steuer« von 1957. Seitdem fehlte beiden die Karosserie. Ein Fahrgestell kam an die heutige Westsächsische Hochschule nach Zwickau, das andere an die Technische Universität Dresden. Von Zwickau aus verlieren sich die Spuren. Dieses Chassis soll via ehemalige Sowjetunion schließlich in Donington gelandet sein und dort die Vier-Ringe-Karosserie erhalten haben. Vom Dresdner Fahrgestell blieben Fragmente erhalten, aus denen das Sächsische Industriemuseum Chemnitz und dessen Förderverein, die TU Dresden und die Westsächsische Hochschule Zwickau, der heute in der ehemaligen Versuchsanstalt der Auto Union ansässige Motorenentwickler IAV und weitere Förderer ein Rolling Chassis des Awtowelo 650 geschaffen haben. Es ist in der Dauerausstellung des Industriemuseums Chemnitz zu besichtigen.

Härtetests von Finnland bis Monaco

Trabant-Fahrer sind die härtesten. Dieser markige Spruch, den sich heutige Besitzer Zwickauer Zweitakter nicht immer ganz ernst gemeint auf die Heckscheibe schreiben, galt für das Rallyeteam der Sachsenring-Werke mit jedem Buchstaben. Über Stock und Stein, Schnee und Eis, kurvige Straßen und enge Bergpässe waren die Trabis, die bis auf 60 PS Leistung getrimmt werden konnten, rund 30 Jahre am Start. Zwischen 1960 und 1989 gab es in Finnland, Monaco, Österreich, den Niederlanden, in Polen, der ČSSR und weiteren europäischen Ländern zahlreiche Siege zu bejubeln.

Ein Härtetest für Mensch und Material war die 1600 Kilometer lange Tausend-Seen-Rallye durch Finnland mit schmalen, sandigen und

Fliegender Trabi zur Tausend-Seen-Rallye in Finnland 1964. Damals erreichten die Zwickauer die Ränge 3, 4 und 5 in ihrer Klasse.

Links: 1960 unterwegs im winterlichen Finnland – damals noch mit dem P50

Rechts: Trabant bei der Internationalen Tulpen-Rallye 1966 in den Niederlanden

kurvenreichen Wegen. 27 Mal nahmen Zwickauer Teams daran teil. Es war der meistgefahrene Wettbewerb der Sachsenring-Werksmannschaft. Größter Erfolg dabei: In einem Jahr gelang der Fabrik-Mannschaftssieg. Zu Hause fühlten sich die Zwickauer ebenso bei der Semperit-Rallye, die hauptsächlich durch die österreichischen Alpen führte. 1967 herrschte extrem schlechtes Wetter. Von den 138 gestarteten Fahrzeugen kamen lediglich 61 bis nach Wien ins Ziel. Dort musste noch eine harte Bremsprüfung bestanden werden. Die österreichische Presse zollte den Trabant-Fahrzeugen Anerkennung. Neben Citroën erreichte Trabant mit allen gestarteten Wagen das Ziel. Es gab nicht nur Gold und Silber, sondern auch noch einen Sonderpokal

XXXIXᵉ RALLYE AUTOMOBILE MONTE-CARLO
JANVIER 1970

des österreichischen Sportministers für ausgezeichnetes sportliches Verhalten. Ein Team im Fahrerfeld wurde bei einem Unfall schwer verletzt. Die Zwickauer Franz Galle und Heinz Feldmann halfen uneigennützig und setzten damit ihren Sieg aufs Spiel. Den zweiten Platz konnten sie jedoch gut verschmerzen, blieb doch der Sieg in Zwickau.

Ein erfolgreiches Pflaster war auch die Rallye Monte Carlo, die durch Südfrankreich und Monaco führte. 1970 meisterten die Fahrzeuge aus Zwickau die 1524 Kilometer von der mediterranen Côte d'Azur bis zum Hochgebirge mit Schnee und Eis in ihrer Klasse am besten. Die Plätze 1 bis 3 sowie der Teamsieg waren der Lohn für hartes, konzentriertes Arbeiten von Fahrern, Co-Piloten und Betreuern.

Was eher nach Alpen oder Skandinavien aussieht, war ein Abschnitt der Rallye Monte Carlo 1970, der durchs Hochgebirge führte.

5
DIE
WEGWEISENDEN

Erst rechts, dann links

Der erste deutsche Linkslenker war der Audi K von 1921, hier präsentiert vor der Fichtelbergauffahrt in Oberwiesenthal.

Wir steigen heute ganz selbstverständlich auf der linken Seite ins Auto ein, finden vor uns das Lenkrad und in der Mitte die Schaltung. Was der übergroße Teil der Autofahrer weltweit praktiziert – Großbritannien und weitere Commonwealth-Staaten bilden die Ausnahme –, war vor 90 Jahren keineswegs der Fall. In Deutschland herrschte zwar schon immer Rechtsverkehr, aber die ersten Automobile waren rechtsgelenkt. Die wachsende Zahl von Fahrzeugen auf den Straßen war der Grund dafür, die Rechtslenkung zu verbannen. Es erwies sich als sicherer, von der linken Seite aus den Wagen zu steuern, vor allem beim Überholen.

Die Ingenieure bei Audi in Zwickau erkannten diese Fakten und handelten. Zur Berliner Automobilausstellung im Herbst 1921 überraschte das Unternehmen die Konkurrenz und das Publikum mit dem ersten deutschen linksgelenkten Pkw – dem Audi K. Auch die heute übliche mittige Anordnung der Schaltung geht auf diese Entwicklung zurück. Das Konzept überzeugte. Bis 1928 folgten alle anderen deutschen Hersteller diesem Prinzip. Linkslenkung und mittige Schaltung setzten sich auch international durch.

Eisrennen mit dem F1

Der DKW-Frontwagen avancierte zum Publikumsmagneten auf der Berliner Automobilausstellung 1931.

Für die Zwickauer Audi-Konstrukteure Oskar Arlt und Walter Haustein dürften der Oktober und November 1930 zu den aufregendsten Monaten ihres Arbeitslebens gehört haben. Diese begannen mit einem Auftritt von Audi-Direktor Schuh und DKW-Chef Rasmussen in ihrem Büro. Jörgen Skafte Rasmussen hatte ein Jahr vorher Audi in sein Imperium eingegliedert. Er wünschte von den beiden Ingenieuren Konstruktion und Versuchsbau eines Kleinwagens mit DKW-Motorradmotor, selbsttragender Karosserie, Schwingachsen vorn und hinten sowie Frontantrieb. In sechs Wochen, so seine Vorstellung, solle der erste Versuchswagen fahren.

In nur sechs Wochen einen völlig neuen Pkw konstruieren und fahrbereit machen? Was heute utopisch erscheint, gelang damals. Am 29. November 1930 fuhr der erste Prototyp. Der Termin sei nur zu halten gewesen, so ist in Oskar Arlts Erinnerungen zu lesen, weil man die Ausführung von Zeichnungen auf ein Mindestmaß beschränkt habe, weil jede Formalität bei der Auftragserteilung an die Werkstatt vermieden wurde und weil eine Arbeitsplanung entfiel. Und – auch

Die Wegweisenden

Linke Seite

Der DKW F1. Angeboten wurde er 1931 für 1685 Reichsmark.

das darf nicht unerwähnt bleiben – weil Arlt und Haustein auf wesentliche Vorarbeiten der Zschopauer DKW-Entwicklungsmannschaft zurückgreifen konnten. Alle Vorgaben von Rasmussen basierten auf bereits vorliegenden Erkenntnissen. Dennoch schmälert das die Leistung der beiden Audi-Konstrukteure keineswegs, denn um Einzelentwicklungen zu einem fahrfähigen Wagen zusammenzuführen, dazu bedarf es nicht wenig an Wissen und Können. Das dauert heute um einiges länger als sechs Wochen.

Jedenfalls: Die Probefahrten vom 29. November 1930 überzeugten. Dem Wagen wurden hervorragende Eigenschaften bescheinigt. Als Spitzengeschwindigkeit erreichte er 85 km/h. Rasmussen entschied, den DKW Front in Serie zu bauen. Damit legte er den Grundstein für die erste Großserienfertigung eines Frontantriebswagens und für den Siegeszug dieser Antriebsart rund um die Welt. Etwa 90 Prozent aller Pkw von heute bewegen sich auf diese Weise fort.

Zur Berliner Automobilausstellung im Februar 1931 sollte der DKW Front F1 die Sensation werden. Doch eigentlich wollte Rasmussen die Welt so schnell wie möglich wissen lassen, wie toll der neue Volkswagen von DKW – so ein damals geläufiger Begriff – läuft. Die ADAC-Winterfahrt Garmisch-Partenkirchen Ende Januar/Anfang Februar 1931 erschien ihm die passende Gelegenheit dafür. Als sich der Kleinwagen zum Eisrennen über den Eibsee neben die Konkurrenz von Bugatti und Co. stellte, erntete er viel Gelächter. Doch das blieb den Experten und Zuschauern bald im Halse stecken, denn immer in den Kurven gab er den Wettbewerbern nur Sicht auf seine Rückfront. Obwohl Rasmussens Sohn Ove, der den DKW steuerte, in der vorletzten Runde mit dem Wagen in ein Eisloch geriet und viel Zeit verlor, ließ sich die Fachwelt überzeugen, zu welchen Leistungen der kleine Front imstande ist. So eingestimmt, geriet die Präsentation auf der Automobilausstellung zu einem Siegeszug für den DKW F1. Die Reihe mit dem F im Namen avancierte zu einer der beliebtesten und am meisten verkauften Kleinwagenserien ihrer Zeit. Der erste Volkswagen war geboren – einige Jahre vor dem Käfer.

Die Produktion des DKW Front erfolgte im Audi-Werk Zwickau und im DKW-Werk Berlin-Spandau. In Spandau wurden die mit Kunstleder überzogenen Karossen hergestellt. In Zwickau erfolgte die komplette Montage mit Motor und Fahrgestell. Im Mai 1931 verließen bereits 534 F1 das Werk. Nur einen Monat später hatte es DKW dank des Frontwagens an die zweite Stelle der Zulassungsstatistik im Deutschen Reich geschafft. Lediglich Opel verkaufte mehr Autos. An dieser Situation änderte sich bis 1939 nichts, denn der Zusammenschluss von Audi, DKW, Horch und Wanderer zur Auto Union blieb vor allem dank der DKW-Frontwagen – vom F1 bis zum F8 – der zweitgrößte Autohersteller Deutschlands.

Die Wegweisenden

Der DKW F1 im museum mobile Ingolstadt

Links: Montage der DKW-Frontfahrzeuge im Audi-Werk in Zwickau

Rechts: Beherrschendes Thema des DKW-Händlerkongresses in Nürnberg im Februar 1931 war der DKW Front.

Stromlinienform für die Autobahn

Rechts und Links: F9-Fahrzeuge, wie sie ab 1950 als IFA F9 in Zwickau und Eisenach gebaut wurden

Ein Strauß roter Rosen mit einer goldenen 100 ziert die Würdigungstafel für Günther Mickwausch im Horch Museum Zwickau. Es ist der 16. Oktober 2008, der 100. Geburtstag des Auto Union-Gestalters. Niedergelegt hat die Blumen Käthe Mickwausch. Die zu diesem Zeitpunkt 99-Jährige nahm die Fahrt von ihrem Wohnort Heidenau bei Dresden nach Zwickau auf sich, um ihrem Mann diese Ehre zu erweisen.

Beide verbindet viel: Eine fast 60-jährige Ehe, die mit dem Tod von Günther Mickwausch 1990 endete. Das gemeinsame Studium an der Staatlichen Akademie für Kunstgewerbe in Dresden. Viele gemeinsame Arbeiten als Gebrauchsgrafiker vor allem nach 1945, aber die Zeiten waren nicht immer gut. Freud und Leid lagen von 1933 bis 1945 eng beieinander. Bereits 1932 kam Günther Mickwausch mangels anderer Angebote als Technischer Zeichner zu Horch nach Zwickau. Damals konnte bei ihm noch keine Rede von der Liebe zur automobilen Formgestaltung sein. Als er seinen ersten Auftrag, die Kühlermaske für den Horch 830, bearbeiten sollte, musste er seinen Nachbarkollegen erst einmal fragen, um was es sich eigentlich handelte. 1933 wechselte er in die Zentrale der Auto Union nach Chemnitz und wurde einer der

Der von Günther Mickwausch gestaltete DKW F9 mit Stromlinienkarosserie wies den für damalige Zeiten äußerst geringen Luftwiderstandsbeiwert cw 0,42 auf.

fähigsten Karosseriegestalter des Konzerns. Aus seinem Zeichenstift flossen die Formen und Linien für solch elegante Wagen wie den Horch 855 Roadster, das Horch 853 Sportcabriolet und den Wanderer W25 K Roadster.

Das alles passierte in einer Zeit, in der die Sorge um seine Ehefrau ständig wuchs. Käthe Mickwausch, die als Technische Zeichnerin in der Chemnitzer Maschinenfabrik Haubold arbeitete, war Halbjüdin. Günther Mickwausch konnte lange verhindern, dass seine Frau zur Zwangsarbeit musste. Aber eben nicht für immer. Beharrliches Ringen mit Ämtern und auch Glück verhinderten, dass sie auf Transport geschickt wurde. Auch Günther Mickwausch selbst spürte, dass man ihm argwöhnisch begegnete. Man kann nicht sagen, dass er Repressalien ausgesetzt war, aber auf der Karriereleiter ging es nicht weiter voran.

Dennoch hat er in dieser Zeit all die schönen Horch, Audi und Wanderer entworfen – und auch einen völlig neuen DKW. Den F9 mit Stromlinienkarosserie aus Stahl. Dem Wettbewerber Opel sowie der im Aufbau befindlichen Konkurrenz durch den Käfer Paroli zu bieten und die DKW-Fahrzeuge autobahntauglicher zu machen, das waren

138 Die Wegweisenden

für die Auto Union wesentliche Gründe für das Projekt DKW F9. Günther Mickwausch entwarf eine Karosserie, die einen Frontwiderstandsbeiwert von cw 0,42 aufwies. Mit dieser Windschlüpfrigkeit setzte der F9 eine Marke, die noch lange als Richtwert für deutsche Serienautos galt.

Zwar verhinderte der Ausbruch des Zweiten Weltkrieges die 1939 geplante Aufnahme der Serienproduktion. Dafür wurde nach 1945 der F9 in verschiedenen Varianten in Ost und West hergestellt. In Zwickau und später in Eisenach wurde der DKW als IFA F9 wie beim Vorkriegsentwurf vorgesehen mit Dreizylinder-Zweitaktmotor gebaut. In Düsseldorf entstand zuerst der DKW F89. Die Typenbezeichnung verrät: Motorisierung mit Zweizylinder-Zweitakter wie beim F8, Karosserie vom F9. Erst mit dem F91 folgte der Dreizylinder-Motor.

Ihr Mann sei immer sehr stolz auf den F9 gewesen, erzählte Käthe Mickwausch, obwohl er selbst nie einen gefahren habe. Beide wurden nach 1945 noch einmal gemeinsam für den sächsischen Automobilbau tätig. Sie gestalteten das Interieur für den Horch 240, der später die Bezeichnung Sachsenring trug.

So sollte eine Werbung für den DKW F9 aussehen. Doch der Krieg verhinderte den für 1939 geplanten Start der Serienproduktion.

Der frühe Griff zum Kunststoff

Linke Seite

Der P70 war der erste voll mit Kunststoff beplankte Pkw.

Werbung für den P70 im Jahr 1955

Kunststoff gilt im modernen Automobilbau als ein Material der Zukunft. Der leichte Werkstoff soll den Fahrzeugen beim Abspecken helfen, damit sie weniger Treibstoff verbrauchen und die Umwelt weniger belasten. Was heute vor allem ökologisch motiviert ist, war vor mehr als 60 Jahren eher der Ökonomie geschuldet.

In der immer Mangel leidenden DDR-Wirtschaft fehlte hochwertiges Tiefziehblech für den Karosseriebau. Woran es jedoch nie mangelte, waren der Wille und die Fähigkeit der Fahrzeugbauer, aus der Not eine Tugend zu machen. 1951 nahm ein Team die Arbeit auf, das einen für die Karosserieherstellung tauglichen Kunststoff entwickeln sollte. Kurt Lang, damaliger Hauptverwaltungsleiter des DDR-Fahrzeugbaus, sowie der junge Flugzeug- und Maschinenbauingenieur Wolfgang Barthel, später ein Begriff in der Fachwelt ob seiner Duroplastentwicklung, wurden wesentliche Protagonisten.

Die Wegweisenden **141**

Den P70 gab es auch als Kombi.

Noch gut bekannt in Chemnitz und Zwickau waren Versuche der Auto Union für den Bau solcher Karosserieteile. Die damals getesteten Verfahren verlangten jedoch sehr große Pressen. Der Anlagenaufwand war zu hoch. Auch eine von General Motors seit 1954 verwandte Technologie kam nicht infrage. Dafür wurden alkalifreie Glasfasern und Kunstharz benötigt – beides für die DDR viel zu aufwendig in der Beschaffung. Der neu zu entwickelnde Werkstoff musste neben niedrigem Gewicht, hoher Elastizität, absolutem Korrosionsschutz und guter Körperschalldämpfung vor allem eine Eigenschaft besitzen: Er musste unter DDR-Bedingungen einfach zu verarbeiten sein, was nichts anderes hieß als geringer Anlagenaufwand, niedrigste Importanteile, geringere Kosten gegenüber Blech und unkomplizierte Lackierbarkeit. Was schließlich mit den unter großem Druck verpressten phenolharzgetränkten Baumwollfasern gelang, die jahrzehntelang den Trabant umhüllten, war ein beachtliches Ergebnis im Vergleich zu Stahlblech oder glasfaserverstärktem Kunststoff.

Auf dem Weg zur ersten in Großserie produzierten Kunststoff-Karosserie der Welt war jedoch noch manches Hindernis zu bewältigen. Alle Versuche, den IFA F9 damit zu beplanken, scheiterten. Kurt Lang

erkannte, dass für den Kunststoffeinsatz eine neue Karosserie notwendig wurde. Also entwickelten die Ingenieure in Zwickau und Chemnitz einen Kleinwagen mit Kunststoff-Außenhaut für zwei Erwachsene und zwei Kinder – die Geburtsstunde des Ur-Trabant P50. Er hatte einen Fahrzeugrahmen und ein Karosserieskelett aus Stahlblech. Dafür waren keine hochwertigen Ziehbleche erforderlich. Das erste Funktionsmuster fuhr im September 1954. Serienanlauf sollte aber erst im November 1956 sein. Der Grund lag wieder am Mangel: Alle Kapazitäten zum Bau von Blechumformwerkzeugen in der DDR waren gebunden.

Kurt Lang und seine Mitstreiter nahmen das nicht hin. Heimlich legten die Kunststoff-Experten die Pressformen für die Türen des P50 etwas größer aus und montierten die Außenhautteile auf ein Holzgerippe. Als Fahrwerk diente ein verkürzter F8-Rahmen. Dessen Motor wurde um 180 Grad gedreht. Fertig war der P70. Die Schwarzentwicklung lief am 1. Juli 1955 in Serie an. Das erste vollständig mit Duroplast beplankte Fahrzeug war die Sensation auf der Leipziger Herbstmesse 1955. Bis 1959 wurde der Vorläufer des Trabant produziert und lieferte wesentliche Erkenntnisse für den Kunststoffeinsatz im Pkw.

Links: In den Karosseriewerken Dresden entstand ein formschönes P70 Coupé.

Rechts: Als Grundstoff für die Außenhaut diente phenolharzgetränkte Baumwolle.

Die Wegweisenden

DIE
VIELGEFAHRENEN

146　Die Vielgefahrenen

Das Zwickauer VW-Zeitalter

Linke Seite

Familientag 2011 in der VW-Fahrzeugfertigung Zwickau

Am 21. Mai 1990 lief der erste in Sachsen montierte VW vom Band, damals noch in Kombination mit dem Trabant 1.1.

Ein Sonnabendmittag Anfang Juli 2011. Brütende Hitze. Rings um den Zwickauer Ortsteil Mosel geht nichts mehr. Tausende Fahrzeuge stauen sich aus allen Richtungen auf einen Punkt zu. Die Attraktion, der alle entgegenströmen, ist weder ein Freizeitpark noch ein Open-Air-Konzert. Die Attraktion heißt Familientag in der Fahrzeugfertigung von Volkswagen Sachsen.

Rund 50 000 Menschen sind gekommen, um einen Blick hinter die Kulissen von Presswerk, Karosseriebau, Lackiererei und Endmontage zu werfen. Um zu erfahren, wie die Volumenmodelle Golf und Passat sowie die Bentley- und Phaeton-Karossen gebaut werden. Um zu sehen, wie das Werk wächst und wächst. Mitarbeiter zeigen ihren Familien stolz ihren Arbeitsplatz. Beschäftigte aus dem VW-Motorenwerk Chemnitz und der Gläsernen VW-Manufaktur Dresden schauen ihren Kollegen über die Schulter. Lieferanten und weitere Partner erweisen ihrem Auftraggeber Referenz. Anwohner der umliegenden Gemeinden nutzen die Gelegenheit zum nachbarlichen Besuch.

Familientage haben Tradition bei Volkswagen Sachsen. Doch die Veranstaltung 2011 war eine besondere. Mit ihr endeten die Feierlich-

Die Vielgefahrenen

Oben: Prof. Dr. Carl H. Hahn vor dem ersten VW Polo aus Sachsen, der heute im Horch Museum Zwickau steht. Der gebürtige Chemnitzer hat als VW-Vorstandsvorsitzender Anfang der 90er Jahre wegweisende Investitionsentscheidungen veranlasst.

Rechts: Ende 2010 verließ die zweimillionste in Sachsen gebaute Passat-Limousine das VW-Werk Zwickau.

148   Die Vielgefahrenen

Linke Seite

Links oben: Karosseriebau bei VW Zwickau

Rechts oben: Scheibeneinbau am Golf

Unten: Montagearbeiten am VW Passat mit ergonomischem Sitz

keiten zum 20. Geburtstag des Unternehmens, das am 12. Dezember 1990 gegründet worden war. Diesen Tag darf man getrost als offiziellen Beginn für die Renaissance des Autolandes Sachsen markieren. Dem vorausgegangen war die Entscheidung der Volkswagen-Konzernspitze, in Zwickau ein Fahrzeugmontage- und in Chemnitz ein Motorenwerk aufzubauen. Teilweise konnten dafür vorhandene Werke und Anlagen genutzt werden.

Und es gab bereits Erfahrungen aus der Zusammenarbeit im sogenannten Alpha-Motorenprojekt mit Barkas in Chemnitz in den 80er Jahren. »Wir glaubten damals zwar nicht an eine nahe Wiedervereinigung, aber wir wollten den Fuß in der Tür haben, wenn sich im COMECON, dem RGW-Bereich, etwas ändert. In dem Projekt dauerte zwar alles länger als geplant, aber wir konnten zur Wende einen fliegenden Start hinlegen, hatten Motoren und Vorsprung vor anderen«, erinnert sich der damalige VW-Vorstandsvorsitzende Prof. Dr. Carl H. Hahn an diese Zeit. Seine Entscheidung zum Engagement in Sachsen war zweifellos ökonomisch motiviert, aber nicht nur. Der gebürtige Chemnitzer ist Sohn des Auto Union-Vorstandes Dr. Carl Hahn und hat als Lehrling und als Hilfskraft in der Auto Union Anfang der 40er Jahre die sächsischen Automobilbauer mit ihrem »Benzin im Blut« erlebt. »Der Eindruck vom Pflichtbewusstsein der Menschen in der Region begleitet mich mein ganzes Leben lang«, betont er.

In Zwickau gab es keinen Abbruch in der Fertigung. Im neuen Sachsenring-Werk in Mosel lief am 21. Mai 1990 der erste in Sachsen gebaute VW Polo vom Band, noch parallel mit dem Trabant 1.1. Am 15. Februar 1991 begann das Golf-Zeitalter. Am 28. Oktober 1996 startete die Serienfertigung der Passat-Limousine. Bis März 2011 haben mehr als 3,8 Millionen Volkswagen die Bänder in Zwickau verlassen. Gebaut für alle Märkte der Welt, ob als Links- oder Rechtslenker, mit Hand- oder Automatikschaltung, mit zwei oder vier Türen. Dabei ist mehr entstanden als nur eine hochmoderne Fahrzeugfertigung. Mit der Modulstrategie hat VW Sachsen ein Logistikkonzept verwirklicht, das als beispielgebend für die gesamte Automobilindustrie gilt und 1998 mit dem Deutschen Logistikpreis honoriert wurde. Dabei stand ein Zwang Pate für diese »Produktion in Partnerschaft« genannte neue Arbeitsteilung zwischen Herstellern, Lieferanten und Dienstleistern. Die räumliche Enge der einst für den Trabant konzipierten Fahrzeugfertigung kollidierte mit den Produktionsanforderungen der Golf-Montage. Der Ausweg lautete Modulbauweise. Den Anfang machten klassische Baugruppen wie Sitze oder Kabelbäume. Inzwischen ist die Zahl der Module auf 30 angewachsen, je 15 für den Golf und den Passat.

Regie in diesem Konzept führt der Faktor Zeit. Auf die Minute genau müssen die jeweiligen Module in der richtigen Ausführung am richtigen

Die Vielgefahrenen **151**

Links: Die Karosserien werden lackiert.

Rechts: Arbeiten am Golf

Funktionsprüfung am Passat

Die Vielgefahrenen

Links: Mit der Errichtung der VW-Fahrzeugfertigung entstand eine vierspurige Neubaustrecke der B93, welche Zwickau mit der A4 verbindet und kurze Wege zwischen den Modullieferanten und dem Fahrzeugwerk garantiert.

Rechts: Seit zwei Jahrzehnten ist der Logistikdienstleister Schnellecke für Sachsen unterwegs.

Einbautakt bereitstehen. Rund 50 Prozent seiner Kaufteile bezieht VW Sachsen auf diese Weise von seinen Modulpartnern, die auch Prozessverantwortung tragen. Alle anderen Kaufteile stellt ein externer Dienstleister bereit, der das gesamte Handling vom Wareneingang über Ein- und Auslagerung, Kommissionierung, teilweise Vormontagen sowie Transport und Materialbereitstellung am Einbautakt übernimmt.

Dank dieses innovativen Logistikkonzeptes kann das VW-Werk sehr flexibel arbeiten. So werden die Modelle Golf und Passat nicht einfach parallel gefertigt, sondern ganz nach Bedarf im Mix. Auf diese Weise können täglich bis zu 1350 Fahrzeuge montiert werden. Das sind Kapazitäten, die nur wenige fahrzeugbauende Fabriken in der Welt schaffen.

Mit dem Engagement von Volkswagen in Sachsen geht ein stetiger Arbeitsplatzaufbau einher. An den VW-Standorten Zwickau, Chemnitz und Dresden sowie beim VW-Bildungsinstitut sind mittlerweile fast 10000 Menschen tätig. Noch einmal rund 30000 arbeiten bei Zulieferern sowie in Handel und Service. Damit ist das letzte Wort noch lange nicht gesprochen. Denn Zwickau hat sich im Konzern einen Namen gemacht beim sogenannten Anlaufmanagement. Das heißt, den Sachsen gelingt es besonders gut und schnell, neue Modelle oder Technologien einzuführen. Somit gehören sie zu den Vorreitern bei der Einführung eines neuen, noch effizienteren Produktionssystems – des Modularen Querbaukastens. Auch die Erweiterung der bisherigen Modellpalette um den Golf Variant bringt neue Arbeit. Die Anziehungskraft künftiger Familientage dürfte damit mehr als gesichert sein.

Sechsmal BMW aus Leipzig

Wolfgang Tiefensee wird den 18. Juli 2001 wohl sein Lebtag nicht vergessen. An diesem Tag urlaubte der damalige Oberbürgermeister von Leipzig gerade in Frankreich, als ihn ein Anruf erreichte. Ein Luftsprung und eine Taxifahrt direkt in die Messestadt – das waren seine Reaktionen. Was auf den ersten Blick völlig verrückt erscheinen mag, wirkt dann doch angemessen, wenn man die übermittelte Nachricht kennt. Die BMW AG hatte bekanntgegeben, dass sie ihr neues Produktionswerk in Leipzig errichten wird. Tiefensee und auch manch anderer wurden davon höchst angenehm überrascht. Zwar hatte sich die sächsische Messemetropole im Rennen der rund 250 Bewerber aus ganz Europa sehr achtbar geschlagen und zusammen mit Schwerin,

Am 1. März 2005 startete BMW die Serienproduktion in Leipzig.

Die Vielgefahrenen **155**

Made in
Leipzig
Made in
Leipzig

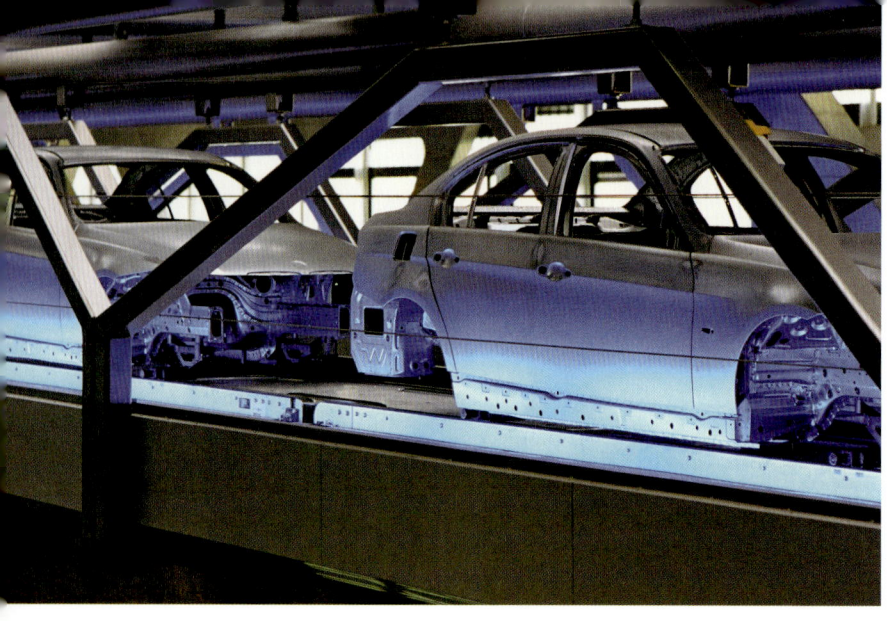

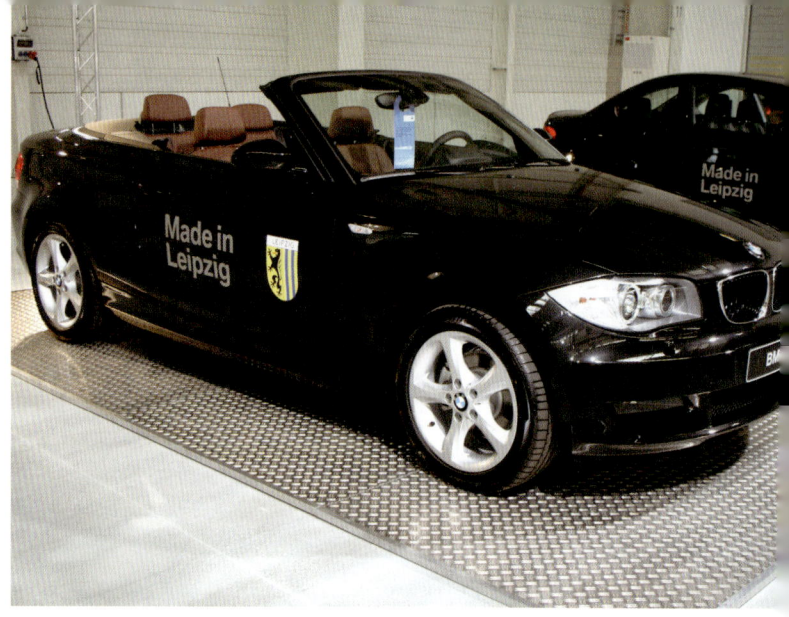

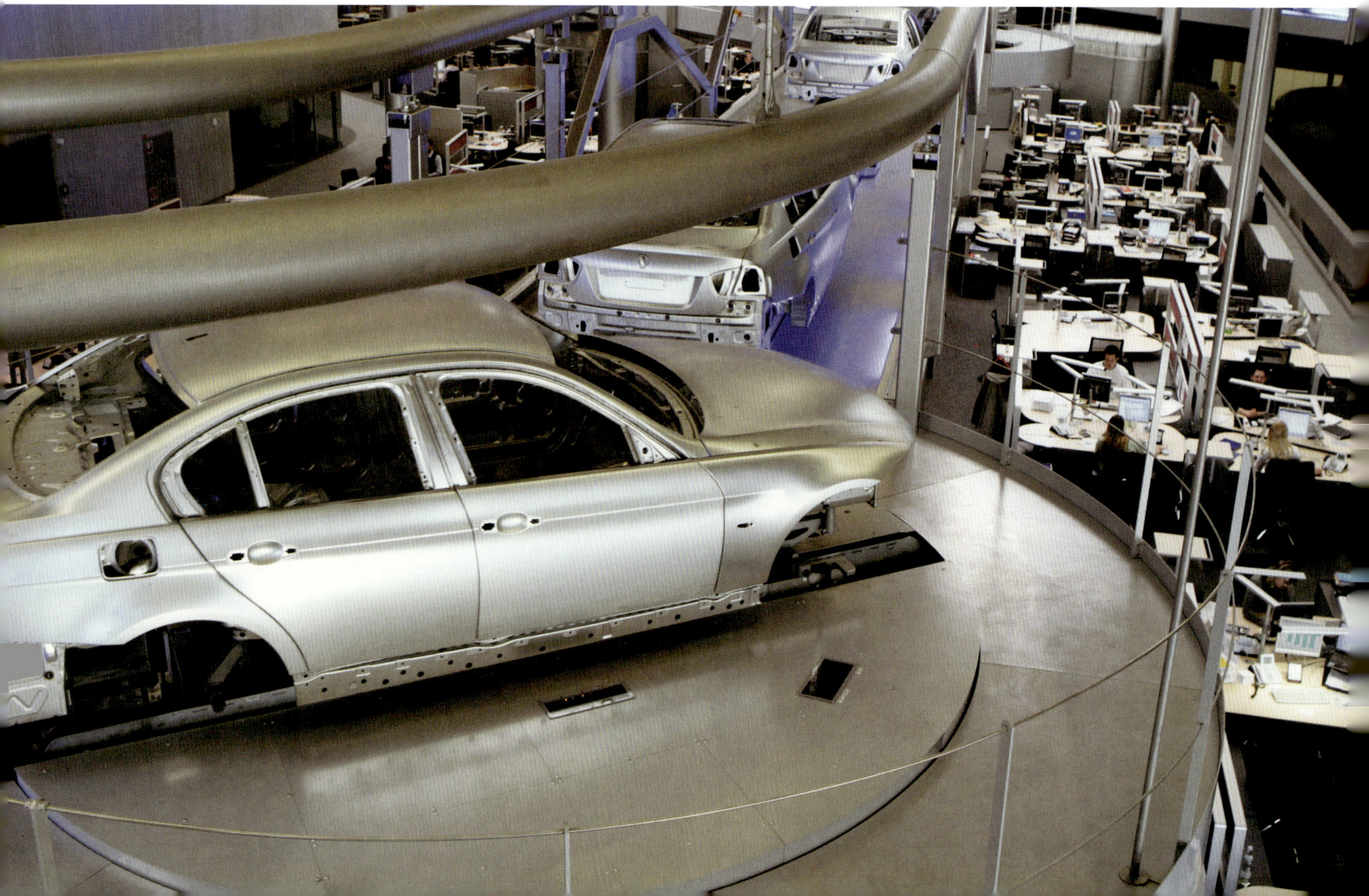

Oben links: Karosserien auf dem Weg zur Lackierung

Oben rechts: Eine Einser-Familie aus Leipzig – die Modelle Cabrio, dreitürige Limousine, Coupé der BMW 1er Reihe sowie der kleine Geländewagen X1 kommen aus Leipzig.

Unten: Produktions- und Bürowelt sind im BMW-Werk Leipzig eng miteinander verbunden und sorgen für eine offene Kommunikation.

Augsburg, dem tschechischen Kolin und dem französischen Arras die Finalrunde der Top Fünf erreicht. Die Gerüchteküche sah schon vor der offiziellen Bekanntgabe Kolin als Sieger, hauptsächlich wegen der Lohnkosten. Doch BMW entschied sich für Deutschland, für Sachsen. Das hier vorhandene Fachpersonal, dazu Wirtschaftlichkeit und Flexibilität sowie die schnelle und gute Beherrschung aller Prozesse von der Planung bis zur Aufnahme der vollen Produktion erwiesen sich als wesentliche Pluspunkte für das Autoland Sachsen.

BMW startete seine Fertigung am 1. März 2005 mit Limousinen der 3er Reihe. Fast auf den Tag genau zwei Jahre später ging die zweite Baureihe an den Start – der neue dreitürige BMW der 1er Reihe. Das Fahrzeug wird ausschließlich in Leipzig gefertigt und geht von Sachsen aus auf alle Märkte der Welt. Im September 2007 lief die Serienproduktion für einen weiteren Neuling der BMW-Familie an – das 1er Coupé. Auch er kommt exklusiv aus Leipzig. Nur wenig später, am 1. Dezember 2007, folgte das vierte Modell aus Leipzig – das 1er Cabrio. Es wird ebenfalls nur in der Messestadt produziert. Das ursprünglich avisierte Ziel von 650 Fahrzeugen pro Tag war zu diesem Zeitpunkt schon überschritten. Bis zu 700 BMW verlassen täglich das Werk. Damit nicht genug. Seit September 2009 rollt der kleine BMW-Geländewagen X1 in Leipzig vom Band. Und seit März 2010 wird das sportliche 1er M Coupé exklusiv nach Kundenwunsch gefertigt. Modell Nummer sechs.

Mit der Zunahme der Modelle wächst auch der Standort. Ein Presswerk mit angeschlossener Türen- und Klappenfertigung ergänzt seit Herbst 2009 Karosseriebau, Lackiererei und Montage. Dort werden Teile für den X1 und die weiteren Modelle der 1er Reihe produziert.

Generell sind durch die BMW-Produktion im Umkreis von zirka 50 Kilometern bereits über 9000 Arbeitsplätze entstanden. Ein Arbeitsverhältnis bei BMW sorgt auf diese Weise für durchschnittlich knapp drei weitere Arbeitsplätze in der Region. Zudem generiert die BMW-Tätigkeit in der Region jährlich rund 650 Millionen Euro Wertschöpfung. Länder und Kommunen im Umkreis profitieren von zusätzlichen Steuereinnahmen in Höhe von rund 70 Millionen Euro pro Jahr.

Der Sog der Ansiedlung wirkt weit über 50 Kilometer hinaus. Der italienische Magnetto-Konzern errichtete aufgrund des BMW-Engagements in Leipzig sein erstes Werk in Deutschland. Natürlich im Autoland Sachsen. In Treuen, in der Mitte zwischen den BMW-Standorten Leipzig und Regensburg, ist eine hochmoderne Fertigung von Karosseriekomponenten entstanden, die auch für weitere namhafte Automobilhersteller arbeitet.

Die BMW Group investiert weiter in Sachsen – unter anderem in den Bau von Elektrofahrzeugen. Doch das ist schon Stoff für ein späteres Kapitel.

Die Vielgefahrenen

X1 vor dem BMW-Werk Leipzig

Die Vielgefahrenen 159

Ein Arbeitspferd hat ausgedient

Der Trabi ist selten geworden im Straßenbild.

Rechte Seite

Der Zwickauer Plastebomber hat auch Freunde in den Niederlanden. Zum Trabi-Treffen 2011 kamen einige von ihnen in die Geburtsstadt Zwickau.

Die Scheinwerfer himmelwärts gerichtet, Kofferraum und Rückbank beladen mit Zeltausrüstung, Essen, Getränken, vollen Benzinkanistern und diversen Ersatzteilen vom laufmaschenbehafteten Dederonstrumpf bis hin zur mühsam ergatterten kompletten Auspuffanlage – so begann die Urlaubsfahrt zum Zelten an den Balaton. Robust wie er war, hat uns der Trabi überall dorthin gebracht, wohin wir fahren durften. Stand ein unverhoffter Keilriemenwechsel an, tat es auch der Dederonstrumpf. Machte die Kupplung Probleme, half in der ersten Not ein Schluck Cola. Natürlich war er nicht unbedingt das Traumauto, aber er hat seinen Dienst verrichtet wie ein unverwüstliches Arbeitspferd.

Nach und nach verschwindet der Trabant aus dem Straßenbild. Doch mehr als 30 Jahre verkörperte er mangels Alternativen den Inbegriff für individuelle Mobilität in der DDR und in weiteren Ostblock-Staaten. Beim deutschen Kraftfahrt-Bundesamt waren zum 1. Januar 2011 noch genau 33 726 Fahrzeuge in Deutschland registriert. Gebaut wurden vom Trabant 601, seinen Vorläufern P50 und P60 sowie dem Nachfolger 1.1 zwischen 1957 und 1991 genau 3 096 099 Fahrzeuge.

Der meistproduzierte Trabant 601 ging 1964 in Serie. Dieser Typ war wie der P70 zunächst eine Schwarzentwicklung. Eigentlich sollte damals lediglich das Gesicht des P50 bzw. P60 etwas geliftet werden.

Die Vielgefahrenen

Links: So viele 600er vereint findet man wohl nur noch beim Zwickauer Trabi-Treffen.

Rechts: Der Trabant 1.1 am Start der Sachsen Classic 2010. Das Team der FES Fahrzeug-Entwicklung Sachsen belegte einen beachtlichen 4. Platz im Gesamtklassement der rund 180 Teilnehmer.

Doch den Konstrukteuren in Zwickau erschien es unsinnig, nur Korrekturen im Frontbereich vorzunehmen. Sie nutzten die Chance, ein neues Fahrzeug zu präsentieren, das im Plan überhaupt nicht vorgesehen war. Weil aber der neue Trabi »ganz oben« gut ankam, gab es grünes Licht aus Berlin für das Projekt. Keiner der Zwickauer Automobilbauer dachte damals daran, dass diese Lösung 25 Jahre Bestand haben sollte. Eigentlich sollte es Ende der 60er Jahre ein neues Modell geben. Aber zu jenem Zeitpunkt hatte sich das Marschieren nach vorn schon in ein Treten auf der Stelle verwandelt. Der Mangel an allen Ecken und Enden, die fehlende wirtschaftliche Kraft verhinderten die Umsetzung neuer Entwicklungen. Die Zwickauer Konstrukteure mussten ihre Ideen immer wieder in die Schublade verbannen. Lediglich kleinere technisch-konstruktive Änderungen konnten umgesetzt werden. Auch die Realisierung des Trabant 1.1 mit VW-Motor blieb auf halber Strecke stehen. Es reichte lediglich dazu, den neuen Antrieb in die alte Karosserie einzusetzen. Ein Herzschrittmacher für eine Leiche, unkten damals nicht wenige.

1991 endeten 34 Jahre Trabi-Produktion. Das war zunächst äußerst schmerzhaft für die rund 12000 Sachsenringer. Doch viele von ihnen schlugen nach der Wende ein neues Kapitel im Autoland Sachsen auf – bei Volkswagen in Zwickau und Chemnitz sowie bei Zulieferern und weiteren Dienstleistern für die Automobilbranche.

Oldtimerträume im F8

Wer als Ostdeutscher in den 70er und 80er Jahren von Oldtimern träumte, fing meist mit einem F8 an, denn davon gab es noch relativ viele erhaltene Exemplare. Entweder mit einem IFA F8 oder vielleicht sogar mit einem Vorkriegs-DKW. Egal, wie verrottet das Fahrgestell, wie verfault das Holz der Bodenbretter, wie rissig der Kunstlederbezug war, mit viel Liebe und Improvisationsvermögen wurden die Fahrzeuge wieder aufgemotzt und brachten Fahrer und Mitfahrer von A nach B.

Zwischen 1939 und 1942 wurden im Audi-Werk Zwickau etwa 50 000 dieser Frontantriebswagen in den Ausführungen Reichsklasse, Meisterklasse oder Front Luxus Cabrio hergestellt. Nach dem Krieg war der F8 der erste Serien-Pkw, der in Sachsen produziert wurde. Der Neustart erfolgte 1947. Zwischen 1949 und 1955 liefen mehr als 25 000 Fahrzeuge von den Bändern in Zwickau. Den IFA F8 gab es als Limousine, Cabrio-Limousine, Lieferwagen, Kombi, Pritschenwagen, Cabrio und Export-Cabrio. Bis 1965 wurden noch Ersatzteile für den IFA F8 hergestellt.

Ein DKW F8 (links) und ein IFA F8 (rechts) am Start der Kirchberg Classics 2011

Links: Anziehungspunkte zur Chemnitzer Oldtimermesse 2010 waren ostdeutsche Nachkriegsfahrzeuge wie die IFA F8 Cabrio-Limousine und das Export Cabrio.

Rechts: Vorkriegs-F8-Kombi mit Sperrholzaufbau

Ein IFA F8, ausgeführt als
Export Cabrio.

Die Vielgefahrenen 165

7
DIE AUSSERGEWÖHNLICHEN

Fließend Wasser inklusive

Der Stromlinien-Horch 930. Aus dem Kotflügel auf der Beifahrerseite lässt sich ein Waschbecken herausklappen.

Wenn es heute um Komfort im Auto geht, dann stehen klimatisierte Massagesitze, das leicht bedienbare Navigationssystem, der passende Sound und weitere Infotainment-Elemente auf der Wunschliste ganz oben. Beim Luxusautohersteller Horch galten Ende der 30er Jahre andere Prämissen. Den Stromlinien-Horch 930 S statteten die Entwickler mit einem Extra aus, das wohl kein anderer Pkw aufweisen kann. Wenn Mann oder Frau ausstieg, dann konnte, wie schon in einem vorangegangenen Kapitel erwähnt, aus dem Kotflügel auf der Beifahrerseite ein Waschbecken herausgeklappt werden. Aus den Hähnen floss kaltes und auch warmes Wasser. Ideal, um sich nach längerer Fahrt frisch zu machen.

Der Horch war eine Sensation auf der internationalen Berliner Automobilausstellung 1939. Nicht nur wegen des Waschbeckens. Das Fahrzeug auf dem Gestell eines Horch 930 V mit V8-Motor wies noch weitere Bequemlichkeiten auf. Das Armaturenbrett war für den serienmäßigen Einbau eines Autoradios ausgelegt. Der Wegfall der B-Säule in der Fahrzeugmitte erlaubte ein bequemes Einsteigen auf der ganzen Länge der Fahrgastzelle. Die Sitze konnten zu einer kompletten Liegefläche umgebaut werden.

Hergestellt wurde das Fahrzeug lediglich in zwei Exemplaren. Der Kriegsausbruch verhinderte die Serienproduktion. Später entstanden auf Befehl der Sowjetischen Militäradministration nochmals drei dieser Vorkriegsausführungen. Zwei Waschbecken-Horchs sind erhalten geblieben. Einer steht im museum mobile in Ingolstadt, der andere an seiner Geburtsstätte im Horch Museum Zwickau.

Der Horch 930 S bot fließend kaltes und warmes Wasser.

Die Außergewöhnlichen

Großzügiger Einstieg und bequeme Liegesitze – Komfort beim Horch 930 S von 1939

Kuh und Auto wohlauf

Schrauben, Basteln, Tüfteln – das liegt den Sachsen im Blut. Was alles in privaten Garagen gewerkelt wurde und wird, kann man bei den zahlreichen Fahrzeugtreffen oder Oldtimerausfahrten jeden Sommer sehen. Vom Flower-Power-Trabi bis zur »Rennpappe« mit Flügeltüren scheint nichts unmöglich. Meist sind es kuriose Umbauten, mit denen man gern zum Camping fuhr und noch fährt. Eine Ausnahme bilden Fahrzeuge, die von einem ganz fundierten und radikal anderen Herangehen zeugen. Zu den gelungenen Eigenbauten dieser Art zählt der sogenannte Millner-Porsche aus Chemnitz.

Prof. Dr. Dieter Millner, Physiker, Chemiker und Medizintechniker, hat in seiner Studienzeit erste Skizzen für sein Traumauto aufs Papier gebracht. Damals benötigte der Schnellzug drei Stunden zwischen Karl-Marx-Stadt und Jena. Das Motorrad war auch nicht immer das ideale Reisegefährt. Ein Auto musste her. Aber das war in den 60er Jahren in der DDR bekanntlich nicht so einfach. Also fasste der technikbegeisterte Student den Entschluss: Ich bau mir mein Auto selbst.

Von der ersten Idee bis zur ersten Fahrt seien sechs bis sieben

Prof. Dieter Millner präsentierte seinen selbst gebauten Porsche 2011 in einer Sonderschau im Museum für sächsische Fahrzeuge in Chemnitz.

Die Außergewöhnlichen

Links: Dieter Millner in den 60er Jahren mit dem Ausgangs-Käfer und dem skizzierten eigenen Traumauto

Rechts: Der Umbau beginnt …

Jahre vergangen, erinnert sich Prof. Millner. Der Wissenschaftler hatte sich klare Prämissen gesetzt. Schnell sollte das Fahrzeug sein, sehr sicher und wenig Kraftstoff verbrauchen. Es musste sich auf ein Basismodell aufbauen lassen und über einen Heckmotor verfügen, damit es im vorderen Bereich sehr niedrig gestaltet werden konnte.

Dieter Millner ging auf die Suche und fand in einer Scheune einen alten Käfer. Der wurde in halber Höhe abgesägt und das Fahrgestell passfähig gemacht für die Karosserie aus Tiefziehblech und GFK. Bei einem Karosseriebauer lernte der ausgebildete Schlosser das Blechdengeln und Schweißen. Von ihm bekam er auch das Blech. Die Form gestaltete er zunächst 1:1 aus Gips. Darüber zog er später die Haut aus einem Glasfaser-Polyester-Gemisch. So etwas dauert. Eine Wahnsinnsaktion, erinnert er sich. Das Fahrzeug besitzt einen Gitterrohrrahmen, ist in Bootsform gestaltet, hat eine Knautschzone und ist mit Seitenaufprallklammern ausgerüstet – Sicherheitselemente, die damals noch lange nicht Standard in Serienfahrzeugen waren. Für Leistung sorgte ein aus diversen Ersatzteilen kombiniertes Triebwerk, das sehr an einen VW-Oettinger-Motor erinnert. Frisiert brachte er es auf bis zu 160 km/h.

So weit, so gut. Doch wie kam der Hobby-Autobauer an die Zulassung für das aus dem Rahmen fallende, Porsche 911R getaufte Fahrzeug? Da halfen ihm, so sagt er, »sozialistische Beziehungen«. Wie es

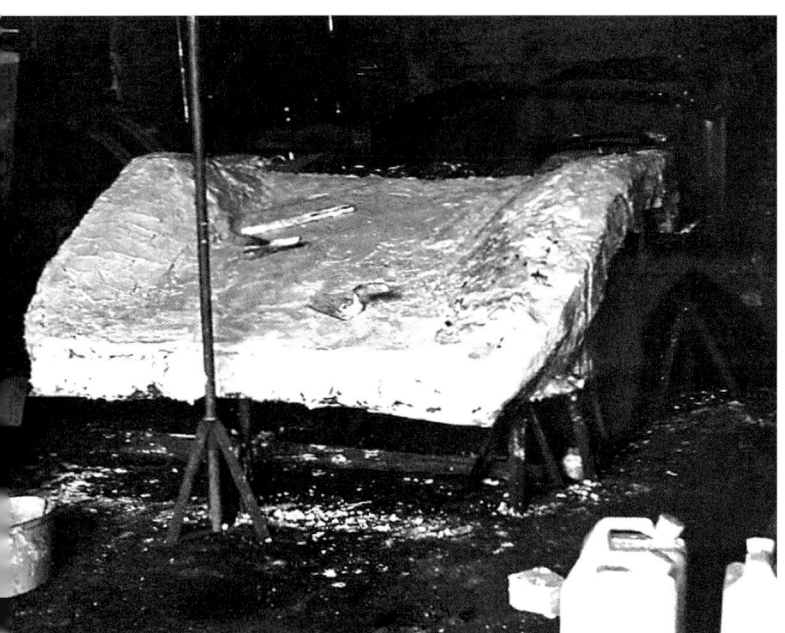

der Zufall wollte, saßen in einer beruflichen Weiterbildungsveranstaltung, die dem damaligen Oberassistenten übertragen war, einige kleinlaute und unsichere Vertreter der sonst so stolzen und unnachgiebigen Zulassungsbehörde. Auf das Versprechen, in der Abschlussprüfung nicht Gleiches mit Gleichem zu vergelten, bekam er die Zulassung für einen VW Käfer mit Aufbau, eine Bezeichnung, die einer totalen Untertreibung gleichkommt. Aber das war den Beteiligten in diesem Moment egal.

Wo Dieter Millner mit seinem Porsche auftauchte, bildeten sich sofort dichte Trauben um das Fahrzeug. Das silberne Gefährt mit der extravaganten Form zog an. Einmal auch eine Kuh. Das war auf einer Fahrt in Polen. Dieter Millner konnte nicht mehr ausweichen, die Kuh flog über das Auto, landete dahinter und stand unverletzt wieder auf. Auch am Wagen waren keine nennenswerten Schäden zu erkennen. Die Insassen kamen mit dem Schrecken davon. Gitterrohrrahmen und alle weiteren Sicherheitselemente hatten die angestrebte Schutzfunktion mehr als deutlich unter Beweis gestellt.

Heute ist der Millner-Porsche zwar noch fahrbereit, aber meist steht er in Ausstellungen und weiteren Präsentationen oder ist in verschiedenen TV-Sendungen zu sehen. Und für jeden, der sich näher mit Wagen und Erbauer beschäftigt, wird spürbar, wie sich hier technisches Wissen und Können mit sehr viel Herzblut vermischt haben.

Links: Gipsmodell für die Haut aus einem Glasfaser-Polyester-Gemisch

Rechts: Probesitzen im eigenen Porsche. Der Sicherheitskäfig ist deutlich zu erkennen.

Die Außergewöhnlichen

Der Millner-Porsche fuhr auf einem Käfer-Fahrgestell, mit Wolga-Rädern und Wartburg-Blinkern.

174 Die Außergewöhnlichen

Links oben: Schicker Flügeltürer

Rechts oben: Mit Dachzelt und halbem Trabi-Anhänger geht es auch heute noch auf Camping-Fahrt.

Links unten: Entspannen mit Grünem

Rechts unten: So gemütlich kann's im Trabi sein.

Die Außergewöhnlichen

8

DIE VERGESSENEN

Von A wie Arimofa bis Z wie Zetgelette

Noch ein amerikanisches Oldsmobile oder schon ein sächsischer Dux? Wahrscheinlich eine Mischung aus beiden. Das Exponat im Museum für sächsische Fahrzeuge Chemnitz besitzt Komponenten der Leipziger Polyphon-Werke, wie eine Händlerplakette aus der Messestadt vermuten lässt.

Rechte Seite

Ein Dux aus einem Katalog der Leipziger Polyphon-Werke von 1911

Wer kann heute mit den Begriffen Dux, Hataz oder Presto etwas anfangen? Sicher nur eingefleischte Insider, die wissen, dass es sich dabei um sächsische Fahrzeugmarken zu Beginn des 20. Jahrhunderts handelt. In den 20er Jahren boomte der Fahrzeugbau regelrecht. Der Erste Weltkrieg hatte viele Männer mit dem Thema Kraftfahrzeug überhaupt erst in Berührung gebracht. Der Wunsch nach Mobilität erwachte auch im zivilen Leben. In zahlreichen Fabrikationen und Werkstätten schossen Motorenwagenhersteller wie Pilze aus dem Boden. Mehr als 30 Kfz-Marken zählte man damals in Sachsen. Die Spanne reichte von Arimofa in Plauen, einem Zweisitzer, der lediglich 1922 produziert wurde, bis Zetgelette in Görlitz, einem nur von 1922 bis 1924 gefertigten Dreirad für eine Person.

Die Vergessenen

Dux-
Vierzylinder

18 PS.
Type D 12

Der Kleinwagen Framo Piccolo mit dem F für Framo auf der Kühlerhaube und dem grün-weißen DKW-Emblem an der Kühlerhaube

1904 begannen die Polyphon-Werke Leipzig-Wahren mit der Autoherstellung. Eigentlich produzierte Polyphon mechanische Musikapparate und erlangte damit Weltruhm bis nach Übersee. Von dort kam die Idee zur Erweiterung des Geschäfts: der Bau von Automobilen. Zunächst produzierten die Leipziger in Lizenz der amerikanischen Oldsmobile ab 1904 das Polymobil Gazelle. 1909 wurde die eigene Marke geboren: Dux. Der erste Dux war ein 6/12-PS-Wagen mit Vierzylinder-Reihenmotor. Die Marke existierte für damalige Verhältnisse relativ lange. Erst mit dem Aufkauf durch Presto 1926 erlosch Dux.

Die Vergessenen

Die Chemnitzer Presto-Werke gehen auf eine Ende des 19. Jahrhunderts gegründete Fahrradfabrik zurück. Ab 1901 wurden Motorräder gefertigt. 1907 übernahm Presto den Generalvertrieb für Delahaye/Frankreich. In Chemnitz wurden daraufhin einige Modelle Presto-Delahaye montiert. Richtig berühmt wurde Presto 1925. Damals stellten die Chemnitzer Automobilbauer den einzigen deutschen Siegerwagen in der Österreichischen Alpenfahrt. 1934 gingen die Presto-Anlagen in den Besitz der Auto Union AG über.

Presto-Direktor Günther war gemeinsam mit DKW-Chef Rasmus-

Ein Hataz-Wagen aus der Fabrik von Hans Tautenhahn in Zwickau. Mit den sportlichen Kleinwagen konnte er sich allerdings nur 1923/24 am Markt behaupten.

Die Vergessenen

182 Die Vergessenen

Linke Seite

Ein Wagen der Marke Pilot, in den 20er Jahren hergestellt in Bannewitz bei Dresden. Das hier gezeigte Modell steht im Verkehrsmuseum Dresden. Das Fahrzeug brachte es mit 32 PS auf 95 km/h Höchstgeschwindigkeit.

sen auch der Gründer einer weiteren Marke: Elite. Für die 1913 entstandenen Elite-Motorenwerke wählten beide Brand-Erbisdorf als Standort aus. Der Elite 10/38 gilt als erstes Auto dieser Fabrikation. 1918 erfolgte die Eingliederung der Diamant-Werke Chemnitz, eines Fahrrad- und Motorradproduzenten. In Brand-Erbisdorf wurden Chassis entwickelt und hergestellt. 1927 erwarb Opel die Aktienmajorität und ließ im Erzgebirge Autos und Motorräder bauen. Die Liaison hielt jedoch nur zwei Jahre. Schließlich übernahm Rasmussen wieder den Standort für den Bau von Kfz-Zulieferteilen.

Wesentlicher Inspirator für Rasmussens DKW-Erfolg war der Ingenieur Hugo Ruppe, der mit seinem Zweitaktmotor, genannt des Knaben Wunsch, abgekürzt: DKW, bedeutende Grundlagen dafür schuf. Doch bereits vorher hatte er eigene unternehmerische Erfahrungen im Automobilbau gemacht. 1909 gründete er die MAF Markranstädter Automobilfabrik. Bis 1923 baute er vor allem Kleinwagen bis 25 PS und scheiterte dann an ökonomischen Zwängen.

In diesem Jahr versuchte ein weiterer Automobilbauer sein Glück. Sozusagen im Schatten von Horch und Audi kam die Zwickauer Marke Hataz auf den Markt. Die Fabrik von Hans Tautenhahn erzielte mit gut durchkonstruierten Kleinwagen beachtliche sportliche Erfolge, musste jedoch bereits 1924 wieder das Feld räumen.

Die Hataz-Wagen fuhren – wie damals viele andere – mit Steudel-Motoren aus Kamenz. Diese 1895 gegründete Fabrik begann nach der Jahrhundertwende mit dem Bau kleinerer Wagen. 1906 brachte Steudel einen Zweisitzer mit einem 12-PS-Vierzylindermotor und Planetengetriebe heraus. Ab 1920 entwickelte sich der Betrieb zu einem der leistungsfähigsten Motorenlieferanten.

Mit Steudel-Motoren fuhren auch die Pilot-Wagen aus Bannewitz bei Dresden. Die 1921 gegründete AG wurde 1924 von der Sächsischen Waggonfabrik Dresden übernommen.

In den 30er Jahren wurde noch eine allerdings sehr kurzlebige sächsische Automarke kreiert. DKW-Gründer Rasmussen ließ in seinen hauptsächlich auf Kleintransporter ausgelegten Framo-Werken den Kleinwagen Framo Piccolo bauen. 1935 kam nach zwei Jahren Produktion schon das Aus. Der Wagen fand im Gegensatz zum DKW kaum Absatz.

Sachsenring Zwickau • TRABANT P603 • Modifikation Diete

1965

9
DIE
NIE GEBAUTEN

Der Trabant-Nachfolger kam nicht weit

So sollte der erste Trabant-Nachfolger aussehen – der P 100.

Das Szenario lief immer ähnlich ab: Mit vielen Ideen und nicht klein zu kriegenden Hoffnungen starteten die Ingenieure und Techniker der Zwickauer Sachsenring-Werke in Projekte zur Weiterentwicklung des Trabant. Mal mehr, mal weniger weit vor dem Zielstrich kam das Stoppsignal »von oben«. Ingenieurleistungen, die sich international sehen lassen konnten, verschwanden in Panzerschränken. Prototypen mussten vernichtet werden. Mehr als ein Dutzend Mal sind Trabant-Entwicklungen gestorben, noch ehe sie zu leben begonnen hatten.

Die Reihe der nie Gebauten eröffnete der P 100 Anfang der 60er Jahre. Der sogenannte Perspektiv-Pkw sollte den Trabant P50 und den Wartburg zu einem Gemeinschaftsprodukt verschmelzen lassen. Ziel war es, mit nur einem Typ generell höhere Stückzahlen zu produzieren. Sowohl die Sachsen als auch die Thüringer sträubten sich gegen diese Vereinheitlichung. Dennoch entwickelten beide ein Konzept. Nach Expertenmeinung legten die Zwickauer mit ihrem Entwurf die deutlich bessere Karosserie vor. Doch das nützte alles nichts, denn letztendlich fielen beide Prototypen durch. Herstellungskosten und Materialaufwand konnten laut Gutachterkommission nicht entscheidend gesenkt werden.

Die nie Gebauten

Bereits 1962, zwei Jahre vor Serienstart des Trabant 601, gingen die Sachsenring-Ingenieure an dessen Verbesserung. Um den technischen Stand und die Exportfähigkeit zu sichern, planten die Automobilentwickler eine Hinterachse mit Schraubenfedern, Verbesserungen an Getriebe und Bremsen sowie einen erweiterten Kunststoffeinsatz. Ende 1965 wurde dieses Konzept namens P 602 zu P 602V ausgebaut. Das V stand für Vollheck-Karosserie und einen daraus resultierenden größeren Fahrzeuginnenraum.

Das Folgeprojekt P 603 griff 1966 diesen erfolgversprechenden Ansatz auf und schuf die modernere Lösung. Dieses Fahrzeug war ein Paradebeispiel dafür, dass sich die Entwicklungen im DDR-Automobilbau gerade in den 60er Jahren mit dem Weltstand absolut messen konnten. Dazu gehörte eine der Kunststoff-Fertigung besser entsprechende Karosserie-Konstruktion als bei den Vorgängern. Der Motorraum war für verschiedene Triebwerke konzipiert. Neben Skodamotor und verkleinertem Wartburgmotor gehörte dazu der Kreiskolbenmotor, an dessen spezifischem Einsatz die Sachsenring-Entwickler damals auf gleichem Niveau arbeiteten wie internationale Automobilkonzerne. Mit der Vollheckversion begründeten sie darüber hinaus ein Konzept, mit dem wenige Jahre später Fahrzeuge wie Renault oder der VW Golf I für Furore sorgten. Neun Prototypen des P 603 wurden gebaut und erprobt. Die Presswerkzeuge für die neuen Kunststoffteile waren

Links: Ende der 60er Jahre auch international wegweisend war die Vollheckversion aus Zwickau.

Rechts: Prof. Dr. Clauss Dietel vor dem Trabant Prototyp P 610 aus den 70er Jahren. Mit seinem Kollegen Lutz Rudolph und den Sachsenring-Ingenieuren hat er unzählige Konzeptautos und Designstudien entwickelt.

Die nie Gebauten

Zwischen 1962 und 1984 in der DDR entwickelte, jedoch nie gebaute Fahrzeuge: Trabant 603 (o.l.) von 1965, AWE Eisenach (o.M.) von 1962, Wartburg 353 Coupé (o.r.) von 1965, Pkw-Studie (u.l.) von 1971/72, P 760 (u.M.) von 1971/72, Trabant Prognose (u.r.) von 1968

Zwischen 1962 und 1984 in der DDR entwickelte, jedoch nie gebaute Fahrzeuge: Trabant P 610 von 1974 (o.l.), 1977 (o.M.) und 1979 (o.r.); Trabant 601 N (u.l.) von 1980, Trabant 601 WII (o.M.) von 1982, Trabant 601 WII B (u.r.) von 1983/84.

Die nie Gebauten

Das geplante RGW-Auto mit Fließheck-Karosserie

hergestellt, alle Großwerkzeuge sowie Vorrichtungen geplant und eingearbeitet. Da kam 1968 die Anweisung aus Berlin, sämtliche Arbeiten einzustellen. Mit einem Telefonanruf über Nacht war wieder eine den wirtschaftlichen Bedingungen der DDR und dem internationalen Stand entsprechende Fahrzeugkonzeption gestorben.

Wenig später lebte das Konzept des Perspektiv-Pkw neu auf, diesmal länderübergreifend. Mit dem Typ 760 sollte ein Nachfolgemodell für die DDR-Produkte Trabant und Wartburg sowie den tschechischen Skoda entstehen. Die Arbeitsteilung für das RGW-Auto sah vor, dass Zwickau die Karosserie, Eisenach das Getriebe und das Skoda-Werk Mlada Boleslav Motor und Hinterachse liefern. Diese Arbeitsteilung hätte in beiden Ländern zu ökonomisch günstigen Stückzahlen führen können. Die Partner einigten sich zwar auf Frontantrieb, doch Skoda, die Pkw mit Heckantrieb bauten, forderten den Längseinbau des Triebwerkes. Damit tauchte ein neues Trabi-Problem auf. Das Nachfolgemodell wurde zu lang und war unter den wirtschaftlichen Bedingungen der DDR nicht zu einem Preis herstellbar, der Trabant-Kunden zugemutet werden konnte. Vier dreitürige Vollheck-Limousinen entstanden zwischen 1970 und 1973 in der DDR. Die Entwicklungskosten, die in Zwickau und Eisenach dafür anfielen, betrugen mehr als 2,35 Millionen DDR-Mark. Doch letztendlich kam auch hier der Abbruch per Ministerratsbeschluss und die Entscheidung, die Fahrzeugentwicklungen in Zwickau und Eisenach wieder getrennt durchzuführen. P 610, P 601 WE-II oder P 1100/1300 hießen weitere Konzeptionen, die wie viele Entwicklungen zwischen 1962 und 1984 die Handschrift der Industrieformgestalter Prof. Dr. Clauss Dietel und Lutz Rudolph trugen. Doch allen war das gleiche Schicksal beschieden: Sie blieben Zukunftsentwicklungen ohne Zukunft.

Rechte Seite

Ein Trabant-Prototyp 1.1 E von 1988, gedacht für die Ausführung mit VW-Lizenzmotor. Auch er wurde nie gebaut, weil dafür zu viele neue Produktionswerkzeuge notwendig geworden wären.

Die nie Gebauten

DIE
GRÜNEN

Was uns morgen antreibt

So sehen sächsische Autos der Zukunft aus. Das Elektrofahrzeug (links im Bild) i3 und den Hybrid-Sportwagen i8 (rechts im Bild) produziert BMW ab 2013 in Leipzig.

Das Auto der Zukunft wird eines nicht sein – uniform. Vom kompakten Stadtauto über die gediegene Mittelklasselimousine, das schicke Cabrio und den superschnellen Sportflitzer bis zum großen Geländewagen – die Vielfalt in den einzelnen Segmenten nimmt weiter zu. Von ultra-leichten, aber hochfesten Stählen, von Kunststoffen, Keramiken bis hin zu Naturfasern halten fortwährend neue Materialien Einzug ins Fahrzeug. Vom immer umweltfreundlicher getrimmten Verbrennungsmotor über verschiedene Hybride bis hin zum rein elektrischen Fahren wird es in den nächsten 10 bis 20 Jahren die unterschiedlichsten Antriebsszenarios geben. Für alle jedoch gilt: Die Fahrzeuge müssen leichter werden, weniger Kraftstoff verbrauchen, weniger Schadstoffe ausstoßen.

Anstelle der Tankklappe gibt es beim i3 eine Steckdose.

Sachsen kristallisiert sich als ein Zentrum für die Mobilität von morgen heraus. Dafür sorgt beispielhaft BMW in Leipzig. Der Automobilhersteller hat das Werk in der Messestadt zum Produktionsstandort für seine Autos der Zukunft auserkoren. Sie tragen die Namen i3 und i8 und verkörpern Fahrzeuge einer völlig neuen Generation. Das i steht für Innovation, für die ersten elektrisch angetriebenen Serienfahrzeuge. Der i3 mit seinem emissionsfreien Elektromotor und rund 150 Kilometern Reichweite ist speziell für den Stadtverkehr entwickelt worden. Vier Sitze und 200 Liter Kofferraumvolumen machen ihn voll alltagstauglich. Mit diesem Auto bringt BMW das erste Serienfahrzeug auf den Markt, dessen Karosserie in weiten Umfängen aus dem Leichtbauwerkstoff Carbon gefertigt ist. Der i8 verbindet Elektro- und Benzinmotor zu einem Hybridantrieb für sehr sportliches Fahren. Beide Fahrzeuge werden ab 2013 in Leipzig gebaut. Bereits seit 2011 rollt hier ein Vorläufer vom Band. Mit dem ActiveE will BMW mit einer Flotte von über 1000 Fahrzeugen in den USA, Europa und China die Alltagstauglichkeit des Elektrofahrzeugs erproben. Die gewonnenen Erkenntnisse fließen direkt in die Serienentwicklung der BMW i-Fahrzeuge ein.

Links: Blick ins Cockpit des i3

Rechts: Der Hybrid-Sportwagen i8 schafft bis zu 250 km/h.

Das Forschungsfahrzeug BMW ActiveE war ein Star der Berlinale 2011.

Die Grünen

Ein Totgeglaubter als Messe-Star

Der Trabant nT bei seinem Auftritt auf der IAA 2009

Rechte Seite:

Blick ins Cockpit

Am 15. September 2009 hatte ein längst Totgeglaubter seinen großen Auftritt. Auf der IAA Pkw in Frankfurt zelebrierte er in Anwesenheit eines riesigen Medienaufgebotes seine Wiedergeburt: der Trabant. Besser gesagt: der neue Trabant nT.

Das freundliche Gesicht mit runden Scheinwerferaugen und einer schwarz auf himmelblau lächelnden Frontpartie zieht an. Das Fahrzeug ist ohne Zweifel als Trabi erkennbar, kommt aber schon äußerlich deutlich moderner und pfiffiger daher. Auch unter der nicht mehr aus verpresster Baumwolle, sondern aus Faserverbunden bestehenden Kunststoff-Karosserie hat sich vieles verändert. Statt des stinkenden Zweitakters summt dort ein Elektromotor. Das Solardach speist die Lüftung und weitere Nebenaggregate. Einfach, robust, leicht und praktisch ist der neue Trabant – so wie sein Vorgänger. Sparsamkeit und Umweltverträglichkeit kommen als prägende Eigenschaften hinzu. Von der Konzentration auf das Wesentliche, ohne auf Fahrspaß und Sicherheit zu verzichten, ließen sich die Macher leiten.

Ihr Projekt begann, ohne dass sie es wussten, auf der IAA 2007. Der Miniaturmodellhersteller Herpa zeigte zum 50. Trabant-Geburtstag den Designentwurf eines »newTrabi« im Maßstab 1:10 und stieß

damit auf ein riesiges Echo. Rund 90 Prozent aller befragten Besucher befürworteten die Wiederbelebung des Trabi in neuer Form. Allerdings gab es auch nicht wenige Stimmen, die das Herpa-Vorgehen für einen guten PR-Gag hielten. Doch schon kurze Zeit nach der IAA wurden Nägel mit Köpfen gemacht. Der aus Sachsen stammende Automobildesigner Nils Poschwatta war von der Idee so überzeugt, dass er ein komplett neues Design für den nT entwarf. Ronald Gerschewski, Geschäftsführer der IndiKar Individual Karosseriebau GmbH Wilkau-Haßlau, entwickelte und baute mit seinem Team und weiteren Partnern aus dem Autoland Sachsen das Concept Car für den IAA-Auftritt. Der erzeugte nicht nur einen Riesen-Medienrummel, sondern weckte auch das Interesse weiterer Partner und potenzieller Investoren. Seitdem werden die Entwicklungen am Fahrzeug sowie für eine Kleinserienproduktion weiter vorangetrieben.

Die Grünen

Dresdner Leichtbau für die Mobilität von morgen

Linke Seite

Unvernünftiges Auto mit vernünftigen Technologien – der eWolf E1 auf der IAA 2009

Ein weiteres Fahrzeug mit sächsischem Know-how machte auf der IAA 2009 von sich reden – der eWolf E1. Der E1 ist kein Auto für Vernünftige. Der Einsitzer kommt mit Formel-3-Technik daher und fährt sein Potenzial trotz Straßenzulassung wohl eher auf Rennstrecken aus. Dennoch zeigt er den Weg zu einem vernünftigen, nachhaltigen Fahrzeugbau auf, dessen Schlüsseltechnologien Elektromobilität und Leichtbau heißen.

Bereits mit dem Namen weist der eWolf auf seinen Antrieb hin. Er vereint das elektrische Fahren mit extremem Leichtbau. Gespeist wird er von einer Lithium-Ionen-Batterie von Li-Tec Battery aus dem sächsischen Kamenz, die einen 150-PS-Elektromotor antreibt und bei STVO-gemäßer Fahrweise rund 300 Kilometer weit reicht. Sein Leichtgewicht von nur 450 Kilogramm verdankt der Rennsportwagen den Forschern vom Institut für Leichtbau und Kunststofftechnik (ILK) der TU Dresden und der Leichtbau-Zentrum Sachsen GmbH (LZS). Ein Ultraleichtbau-Chassis aus einer Carbon-Aluminium-Konstruktion macht's möglich.

Die Innovationsallianz aus ILK und LZS hat weiter am Auto der Zukunft gearbeitet. 2010 präsentierte sie ein gegenüber dem eWolf E1 noch leichteres Chassis namens eTRUST, das als Fahrzeugsystemträger für die Erprobung neuer Generationen von Elektro- und Hybridfahrzeugen prädestiniert ist. 2011 folgte das Fahrzeugprojekt InECO, aus dem ein sportliches Leichtbau-Fahrzeug entstehen soll, das sich mit vier Sitzen und drei Türen ideal als Pendler- und Kurzstrecken-Pkw für den Stadtverkehr eignet.

Die Dresdner Leichtbaukompetenzen sind gefragt. International namhafte Automobilhersteller, Zulieferer und weitere Industrievertreter klopfen oft und gern an die Tür der Forscher, um mit ihnen an neuen, wegweisenden Lösungen für den Fahrzeugbau zu arbeiten.

Ultraleicht – der Fahrzeug-Demonstrator eTRUST von den Leichtbau-Forschern aus Dresden

Ein Schnapsglas voll Benzin im Tank

Nicht gerade bequem, dafür äußerst sparsam unterwegs – der Sax 3

Quizfrage: Wie weit kann man mit nur einem Schnapsglas voll Benzin im Tank fahren? Wohl die Wenigsten werden es für möglich halten, dass damit 100 Kilometer zu schaffen sind. Zugegeben, nicht mit einem herkömmlichen Pkw. Aber die jungen Forscher und Experimentierer vom Team Fortis Saxonia, was soviel heißt wie Starkes Sachsen, beweisen Jahr für Jahr aufs Neue, wie man aus möglichst wenig Treibstoff möglichst viele Kilometer herausholen kann. Seit 2005 sind die Studenten der TU Chemnitz regelmäßig beim Shell-Eco-Marathon dabei. Bei diesem internationalen Wettbewerb ist nicht Schnelligkeit, sondern Sparsamkeit gefragt. Die Chemnitzer haben ihre Sax-Fahrzeuge mit Brennstoffzellenantrieb kontinuierlich optimiert. Der aktuelle Sax 3 wiegt gerade mal rund 40 Kilogramm und fährt mit dem Äquivalent eines Liters Benzin mehr als 2500 Kilometer! Alltagstauglich kann man die schmale Röhre, die auch seitens des Fahrers Leichtgewicht verlangt, nicht gerade nennen. Aber für Studium und Forschung ist sie allemal

ein Gewinn. Deshalb unterstützten viele Unternehmen der Autoindustrie die Arbeit von Fortis Saxonia.

Etwas komfortabler kommt der Nios daher. Das als Stadtauto konzipierte Mobil fährt mit zwei Kubikmetern Wasserstoff im Tank etwa zehn Stunden und produziert null Schadstoffe. Aus dem Auspuff tropft lediglich Wasser. Dieses Fahrzeug haben die Chemnitzer Studenten gemeinsam mit Teams aus Sachsen-Anhalt auf die Räder gestellt. Für das zu 70 Prozent aus recycelbaren Stoffen bestehende Fahrzeug gab es 2010 den Shell-Design-Award.

Das Fortis-Saxonia-Team von 2008 mit dem Leichtgewicht Sax 3

Die Formel 1 der Studenten

Linke Seite

Oben links: Das WHZ-Racing-Team der Westsächsischen Hochschule Zwickau gehörte zu den ersten im Formula Student-Wettbewerb, die mit einem Elektrofahrzeug starteten.

Oben rechts: Das Racetech-Racing-Team der TU Bergakademie Freiberg hat einen Wagen mit vollständiger Magnesium-Außenhaut entwickelt – ein Novum.

Unten links: Das Team Technikum Motorsport Mittweida nimmt seit 2008 an der Formula Student teil.

Unten rechts: Der Rennwagen des Elbflorace-Teams von der TU Dresden punktet vor allem mit Leichtbau.

Ein Fahrzeug entwickeln, bauen, die Finanzierung klären, den Markt dafür bereiten sowie im unmittelbaren Wettbewerb auf Rennstrecken wie Hockenheim oder Silverstone dominieren – das alles verlangt Formula Student, ein internationaler Konstruktionswettstreit für angehende Ingenieure. Die Studenten sächsischer Hochschulen mischen in diesem Wettbewerb kräftig mit. Das Team der Westsächsischen Hochschule Zwickau besticht unter anderem durch elektrischen Antrieb und besondere elektronische Lösungen. Die TU Bergakademie Freiberg bringt ihre Magnesium-Kompetenz zum Tragen und die TU Dresden ihr Leichtbau-Know-how. Die Hochschule Mittweida überzeugt durch komplexe Leistungen.

Unterstützt werden die einzelnen Teams von vielen Unternehmen der Branche, natürlich vor allem aus Sachsen. Neben den Herstellern VW, Porsche und BMW arbeiten dort rund 750 Engineeringfirmen, Zulieferer, Ausrüster und weitere Dienstleister der Automobilindustrie. Sie beschäftigen rund 70 000 Mitarbeiter. Die Automobilzulieferinitiative AMZ hat seit 1999 dafür gesorgt, dass sich die Firmen immer mehr vernetzen und dadurch schlagkräftiger werden. Befördert wird dies durch eine ausgeprägte automobile Forschungslandschaft, die genauso wie die Zulieferindustrie von A wie Antrieb bis Z wie Zubehör alle Facetten des modernen Fahrzeugbaus bedienen kann. Um die Zukunft des Autolandes Sachsen ist es gut bestellt.

Rund 750 Unternehmen mit ca. 70 000 Beschäftigten arbeiten in Sachsen für die Automobilindustrie.

SACHSEN!

AUTO!
AUTOMOBILINDUSTRIE IN SACHSEN

www.autoland.sachsen.de

www.amz-sachsen.de

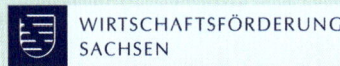

www.invest-in-saxony.de

11

SACHSENS AUTOS
LIVE ERLEBEN

Dabei, wenn ein Auto entsteht

Werksführungen – auf dem Foto bei BMW in Leipzig – werden von allen großen Pkw-Produzenten in Sachsen angeboten.

In den Pkw-Fertigungen von Volkswagen, Porsche und BMW in Sachsen können Interessenten bei Führungen Einblicke in die Produktion gewinnen, Veranstaltungen und andere Events erleben. Zu welchen Zeiten und unter welchen Bedingungen, darüber kann man sich auf den jeweiligen Internet-Seiten informieren.
- für Volkswagen Sachsen in Zwickau und die Motorenfertigung in Chemnitz unter: www.volkswagen-sachsen.de
- für die Gläserne Manufaktur von Volkswagen in Dresden unter: www.glaesernemanufaktur.de
- für das Porsche-Werk in Leipzig unter: www.porsche-leipzig.com
- für das BMW-Werk in Leipzig unter: www.bmw-werk-leipzig.de

Sächsische Fahrzeuggeschichte wird in zahlreichen Museen und Vereinen lebendig gehalten, oftmals in unermüdlicher ehrenamtlicher Arbeit. Nachfolgend eine Auswahl.

August Horch Museum Zwickau

Den westsächsischen Fahrzeugbau von Horch, Audi, DKW und Wanderer über Trabant bis zu Volkswagen beleuchtet das August Horch Museum Zwickau auf umfassende und anziehende Weise. Seit Neugestaltung und Neueröffnung im Herbst 2004 hat sich das Haus zu einem Besuchermagneten entwickelt. An der Originalstätte der ehemaligen Audi-Werke können die Gäste in die über 100-jährige Automobilgeschichte der Region eintauchen und die in die jeweilige Zeit gestellten Fahrzeuge sowie weitere Exponate erleben.

Öffnungszeiten:
dienstags bis sonntags jeweils von 9.30 bis 17.00 Uhr
jeden 1. Donnerstag im Monat von 9.30 bis 21.00 Uhr

www.horch-museum.de

Die Fahrzeuge sind echt, der Museumsführer ist ein Double August Horchs.

Sachsens Autos live erleben

Verkehrsmuseum Dresden

Zur Dresdner Automobilsammlung gehört auch ein Pilot-Wagen aus den 20er Jahren (2.v.l.).

Im Johanneum am Dresdner Neumarkt vis-à-vis der Frauenkirche erwartet die Besucher eine Exponatevielfalt aus allen Bereichen der Mobilität. Straßenverkehr, Städtischer Nahverkehr, Eisenbahn, Schifffahrt und Luftfahrt sind ständige Ausstellungen im Verkehrsmuseum. Ostdeutschen und speziellen sächsischen Entwicklungen ist ein zentraler Platz eingeräumt. Zu den besonderen Schaustücken gehört ein Pilot-Wagen mit einer Gläser-Karosserie. Diese Automobilmarke aus den 20er Jahren war in Bannewitz bei Dresden zu Hause.

Öffnungszeiten:
dienstags bis sonntags jeweils von 10.00 bis 18.00 Uhr

www.verkehrsmuseum-dresden.de

Sächsisches Industriemuseum Chemnitz

Blick in die einzigartige Sammlung von DKW-Automobilen im Industriemuseum Chemnitz

Das Chemnitzer Museum macht mit der über 200-jährigen sächsischen Industriegeschichte bekannt. Dazu gehört ein umfangreicher Einblick in die automobilen Traditionen. Ein Highlight ist die Sammlung von DKW-Fahrzeugen, die seit Oktober 2010 die Dauerausstellung bereichert. Jörgen Skafte Rasmussen, der Enkel des gleichnamigen DKW-Gründers, hat dem Museum mehr als 20 Fahrzeuge aus den 20er und 30er Jahren als Dauerleihgabe zur Verfügung gestellt. Damit ist ein bedeutendes Stück sächsischer Fahrzeuggeschichte heimgekehrt.

Öffnungszeiten:
montags bis donnerstags jeweils von 9.00 bis 17.00 Uhr
sonnabends/sonntags/feiertags jeweils von 10.00 bis 17.00 Uhr

www.saechsisches-industriemuseum.de

Museum für sächsische Fahrzeuge Chemnitz

Das Museum für sächsische Fahrzeuge kann u. a. mit zahlreichen DKW- und Wanderer-Modellen aufwarten.

Das als eingetragener Verein organisierte Museum hat nach Jahren im Wasserschloss Klaffenbach seit Dezember 2008 ein neues Domizil nahe der Chemnitzer Innenstadt gefunden. In den Stern-Garagen, einer der ältesten erhaltenen deutschen Hochgaragen, bietet sich der passende historische Rahmen für rund 200 Exponate von mehr als 70 Herstellern, darunter viele DKW und Wanderer auf zwei, drei oder vier Rädern. In chronologischen Themenboxen sind zahlreiche Zeugnisse der sächsischen Fahrzeugbaugeschichte, inklusive Renn- und Geländesportfahrzeuge, ab dem späten 19. Jahrhundert zu finden.

Öffnungszeiten:
dienstags bis sonntags jeweils von 10.00 bis 17.00 Uhr

www.fahrzeugmuseum-chemnitz.de

Sächsisches Nutzfahrzeugmuseum Hartmannsdorf

Ein Robur und ein Garant im Sächsischen Nutzfahrzeugmuseum Hartmannsdorf bei Chemnitz

Der Verein Historische Nutzfahrzeuge Hartmannsdorf e.V. dokumentiert eine mehr als 70-jährige Geschichte von Bau-, Transport-, Feuerwehr- und Militärfahrzeugen sowie Bussen. Im Mittelpunkt stehen sächsische Exponate vom Vomag-Lkw bis zu Kranfahrzeugen aus dem Hebezeugwerk Sebnitz. In die Schau integriert sind eine Werkstattecke und eine Tankstelle aus der ersten Hälfte des 20. Jahrhunderts sowie eine Bushaltestelle, die über die erste sächsische Omnibuslinie informiert.

Öffnungszeiten:
dienstags bis freitags jeweils von 9.00 bis 16.00 Uhr
sonnabends jeweils von 10.00 bis 17.00 Uhr

www.nutzfahrzeugmuseum.de

Fahrzeugmuseum Frankenberg

Im Fahrzeugmuseum Frankenberg wird die Geschichte der Marken Framo und Barkas vorgeführt.

Der Gemeinnützige Förderverein Fahrzeug-Museum Frankenberg/Sa. e. V. hat die Geschichte der Marken Framo und Barkas anschaulich in Szene gesetzt. Anhand von 19 liebevoll restaurierten Fahrzeugen, Schnittmodellen und Motoren aus verschiedenen Entwicklungszeiten, weiteren Ausstellungsstücken und reich bebilderten Thementafeln präsentiert sich dem Besucher die nahezu lückenlose Geschichte des Transporterbaus der Framo- und späteren Barkas-Werke von 1923 bis 1991.

Öffnungszeiten:
mittwochs bis sonnabends jeweils von 13.00 bis 16.00 Uhr
sonntags jeweils von 10.00 bis 16.00 Uhr

www.frankenberg.de

Weitere Museen und Einrichtungen

Motorradmuseum Schloss Augustusburg
Überblick über die mehr als 100-jährige Geschichte des Motorrads mit dem Schwerpunkt DKW- und MZ-Bau in Zschopau
Öffnungszeiten:
April bis Oktober täglich 9.30 bis 18.00 Uhr,
November bis März täglich 10.00 bis 17.00 Uhr
www.augustusburg-schloss.de

Ausstellung »Motorradträume« im Schloss Wildeck Zschopau
Geschichte des Motorradbaus in Zschopau seit 1922 und Rennsporterfolge mit DKW und MZ
Öffnungszeiten:
donnerstags bis dienstags jeweils 11.00 bis 17.00 Uhr
www.zschopau.de

Kraftfahrzeug- und Technikmuseum Cunewalde
Historische Fahrzeuge und technische Geräte der Baujahre 1910 bis 1980
Öffnungszeiten:
von April bis Oktober sonnabends und sonntags jeweils von 13.30 Uhr bis 17.00 Uhr
www.kugel-panoramen.de/Oldtimermuseum

Rübesams Da Capo Oldtimermuseum Leipzig
Oldtimer aus mehr als 100 Jahren Automobilgeschichte
Öffnungszeiten:
mittwochs bis sonnabends jeweils 11.00 bis 18.00 Uhr,
sonntags 10.00 bis 18.00 Uhr
www.ruebesams-dacapo.de

Zeitreise – DDR-Museum Radebeul
Großer Ausstellungskomplex zur Mobilität in der DDR mit zahlreichen IFA-Fahrzeugen aus Sachsen
Öffnungszeiten:
dienstags bis sonntags jeweils von 10.00 bis 18.00 Uhr
www.ddr-museum-dresden.de

Bildnachweis

S. 6 Melkus

S. 8–9 Volkswagen, S. 10–11 BMW, S. 12–13 Volkswagen, S. 14–15 Porsche, S. 16–17 Melkus, S. 18–19 AUDI AG, S. 20–21, S. 22–23 Frank Reichel, S. 24–25 AUDI AG, S. 26–27 Institut für Leichtbau und Kunststofftechnik der TU Dresden

Kapitel 1
S. 28–29 Sigrid Toller, S. 30, 32, 33 Roland Reißig, S. 31, 34–35 Deutsches Museum, S. 36 Sigrid Toller, S. 38, 39, 40–41, 42 links Verkehrsmuseum Dresden, S. 42 rechts, 43 Sigrid Toller, S. 45 Verkehrsmuseum Dresden

Kapitel 2
S. 46–47 AUDI AG, S. 48 Frank Reichel, S. 49, 50 Bentley, S. 51, 52, 53, 54 Volkswagen, S. 55 Ina Reichel, S. 56 AUDI AG, S. 57 Frank Reichel, S. 58–59 AUDI AG, S. 60 oben Frank Reichel, S. 60 unten FES GmbH, S. 61 links Frank Reichel, S. 61 rechts AUDI AG, S. 62 Frank Reichel, S. 63 Ina Reichel, S. 64–65 AUDI AG, S. 66 FES GmbH, S. 67, 68 links AUDI AG, S. 68 rechts Ina Reichel, S. 69 AUDI AG, S. 70 oben Frank Reichel, S. 70 unten FES GmbH, S. 72, 73, 74, 75 Frank Reichel

Kapitel 3
S. 76–77 Porsche, S. 79 Melkus, S. 80 Frank Reichel, S. 8, 82, 83, 84, 85 links Melkus, S. 85 rechts Frank Reichel, S. 86, 87 YES, S. 88, 89, 90–91, 92 Porsche, S. 94, 95, 96–97, 98 AUDI AG, S. 99 Frank Reichel

Kapitel 4
S. 100–101, 102, 103, 104–105, 106 AUDI AG, S. 107 Ina Reichel, S. 108 Projektteam Nachbau Typ C, S. 109, 110 Frank Reichel, S. 112, 113, 114 Melkus, S. 115, 116, 117 AUDI AG, S. 118, 119 rechts Frank Reichel, S. 119 links Archiv Dr. Werner Lang, S. 120 Frank Reichel, S. 121 AUDI AG, S. 122 Frank Reichel, S. 123 links Dirk Schmerschneider, S. 123 rechts Archiv Wolfgang Beyer, S. 124 Ina Reichel, S. 125, 126, 127 Archiv Dr. Werner Lang

Kapitel 5
S. 128–129, 130–131 AUDI AG, S. 132 FES GmbH, S. 134 Ina Reichel, S. 135 AUDI AG, S. 136, 137 Frank Reichel, S. 138, 139 AUDI AG, S. 140 Frank Reichel, S. 141, 142 Archiv Förderverein August Horch Museum, S. 143 links Frank Reichel, S. 143 rechts Archiv FES GmbH

Kapitel 6
S. 144–145 BMW, S. 146, 147 Volkswagen, S. 148, 149 Frank Reichel, S. 150, 152, 153, 154 links Volkswagen, S. 154 rechts Frank Reichel, S. 155, 156, 158–159 BMW, S. 160, 161, 162, 163, 164, 165 Frank Reichel

Kapitel 7
S. 166–167 Porsche, S. 168, 169 Frank Reichel, S. 170 AUDI AG, S. 171 Ina Reichel, S. 172, 173 Archiv Prof. Dieter Millner, S. 174 Ina Reichel, S. 175 Frank Reichel

Kapitel 8
S. 176–177 Ina Reichel, S. 178 Frank Reichel, S. 179 Katalog Polyphon-Werke Leipzig, S. 180 Ina Reichel, S. 181 Frank Reichel, S. 182 Ina Reichel

Kapitel 9
S. 184–185, 186, 187 links Archiv FES GmbH, S. 187 rechts Frank Reichel, S. 188–189 Fahrzeug-/Designstudien Prof. Dr. Clauss Dietel/ Lutz Rudolph, S. 190 Archiv FES GmbH, S. 191 Frank Reichel

Kapitel 10
S. 192–193, 194, 195, 196, 197 BMW, S. 198, 199, 200 Frank Reichel, S. 202–203 Institut für Leichtbau und Kunststofftechnik der TU Dresden, S. 204, 205, 206 Ina Reichel, S. 208–209 Wirtschaftsförderung Sachsen GmbH

Kapitel 11
S. 210–211 AUDI AG, S. 212, 213 Frank Reichel, S. 214 Verkehrsmuseum Dresden, S. 215, 216, 217, 218 Frank Reichel

Literaturnachweis

Neben zahlreichen Recherchegesprächen und eigenen Aufzeichnungen der Autorin waren folgende Bücher und Schriften wertvolle Informationsquellen bei der Erstellung dieses Werkes:

Horch, August: Ich baute Autos!
August Horch Museum Zwickau gGmbH, 2003

Kirchberg, Peter: Plaste, Blech und Planwirtschaft,
Nicolaische Verlagsbuchhandlung Beuermann GmbH Berlin, 2000

Runge, Dana; Hamann, Petra; Giesel, Thomas: Emil Hermann Nacke – Sachsen erster Automobilbauer,
herausgegeben von der Verkehrsmuseum Dresden gGmbH in Zusammenarbeit mit dem Stadtarchiv Coswig, 2007

Schmidt-Römer, Heinrich: Dampfautomobile deutscher Hersteller,
Journal Dampf & Heißluft 4/2007

Ein Dankeschön für die unkomplizierte Zusammenarbeit gilt den Kommunikationsabteilungen der AUDI AG/Audi Tradition, der Automobilmanufaktur Dresden GmbH, der BMW AG, der Dr. Ing. h.c. F. Porsche AG, der Volkswagen AG und der Volkswagen Sachsen GmbH, ebenso den Geschäftsleitungen der FES GmbH Fahrzeug-Entwicklung Sachsen und Auto-Entwicklungsring Sachsen GmbH, der Melkus Sportwagen GmbH sowie dem August Horch Museum Zwickau, dem Verkehrsmuseum Dresden, dem Sächsischen Industriemuseum Chemnitz und dem Museum für sächsische Fahrzeuge Chemnitz.

Sächsische Autozukunft: Designstudie des Fahrzeugprojektes InECO von Nils Poschwatta, entwickelt vom Institut für Leichtbau und Kunststofftechnik der TU Dresden, der Leichtbau Zentrum Sachsen GmbH und weiteren Partnern.

ISBN 978-3-355-01790-9

© 2011 Verlag Neues Leben, Berlin
Umschlaggestaltung: Marketingagentur Reichel unter Verwendung von Fotos der AUDI AG, der Melkus Sportwagen GmbH, der Volkswagen AG, der Dr. Ing. h.c. F. Porsche AG und des Instituts für Leichtbau und Kunststofftechnik der TU Dresden.
Druck und Bindung: Salzland Druck, Staßfurt

Ein Verlagsverzeichnis schicken wir Ihnen gern:
Neues Leben Verlagsgesellschaft mbH & Co. KG
Neue Grünstraße 18, 10179 Berlin
Tel. 01805/30 99 99 (0,14 €/Min., Mobil max. 0,42 €/Min.)

Die Bücher des Verlages Neues Leben
erscheinen in der Eulenspiegel Verlagsgruppe.

www.verlag-neues-leben.de